美的生活 源自美的意识

精致

[日] 加藤惠美子 / 著
代芳芳 / 译

北京联合出版公司
Beijing United Publishing Co.,Ltd.

目 录 Contents

Step 2 极简 Minimalism

Step 3 极致 Perfection

序言

送给不满足于极简的你

Less（更少）、Smaller（更小）——这个十多年前兴于美国的极简生活概念，经过“雷曼事件”[1]之后，在发达国家已经成为一种生活方式并固定下来，除此之外，还有始于日本的“断舍离”热潮和“怦然心动的人生整理法”热潮。

也许是受其影响，也许是想学习可称为极简生活的

1 雷曼事件：2008 年，美国第四大投资银行雷曼兄弟由于投资失利，在谈判收购失败后宣布申请破产保护，引发了全球金融海啸。——译者注

日本僧侣式生活，禅宗也大受欢迎。

在欧美和日本出版了很多以物品尽量少、如何丢弃生活中多余的物品为重大课题的书，并讲述了各种方法。

其目的是通过不执着于金钱，丢弃物品、整理房间，来丢弃多余的执念和迷茫，整理内心，创造快乐、丰盛的人生。

但是，单纯地减少物品、做到简朴就能达到这个目的吗？并非如此，有的人确实简朴，但也仅仅是乏味而已。

然而，不仅要简朴，必然也想从简朴中获得“美”……

通过《不浪费、丰富、美丽生活的30条智慧》这本书（2011年初版发行），加藤惠美子老师向有同样志趣的人们传达了“只购置美的物品。只要有此决心，东西就会减少”这一强烈信息。

当我们选择应该持有的物品，反省自己的行为，选择自己的生活方式时，都问一下自己“这样美吗”。这样，就会自然地选择不仅丰富、舒适而且具有合理功能的物品，最后的经济效果也能达到最佳。

虽说有各种标准会更好，但只有以“美”为标准的生存方式、生活方式才是通向极简生活的理想阶梯。

所以，作者才从《不浪费、丰富、美丽生活的30条智慧》中选出更具实践性的条目加以修改，重新整理写成本书。

只有极简的生活才能真正品味出丰富。认真、美丽、滋润的简朴生活，就是极简生活的高级篇。

我想，没读过上一本书的读者肯定会很期待读到这本书，读过上一本书的读者也将会常常将此书置于身旁，当作美好生活的教科书。

美和高品质与预算毫无关系，与当下人们对美的感受也毫无关系。这是因为以“美”为标准进行判断时，虽存在个人差异，但美感是可以被一点点磨炼出来的。在这种磨炼过程中，也可以心灵充实、舒适地度过心情激动而美丽的每一天。

欢迎开始美好生活以及美好人生。

Discover 21 出版社・干场弓子

Step 1

风格 *Style*

Rule 1

不要被看似方便的物品迷惑

虽然我们的生活已经非常方便了，但只要看看电视和网络就会发现看似方便的物品还在源源地出现。看上去全世界的人好像必须将方便进行到底。

那么，什么才是方便的物品？方便的物品是指能减少时间和劳作的物品。

以前的日常生活都是体力劳动，所以解放体力劳动的家用电器就变成了救世主。尽量减少在家务上所花费的时间和劳作，能增加人生中的快乐时光。所以，我们最终拥有更轻松、便捷的生活方式。

多用途物品看上去更方便，一件物品就能实现多个功能，所以持有物品数量变少了。

比如，集打浆机、榨汁机和切片机功能于一体的机器。每天喝爽滑细腻蔬菜汁和清澈果汁的人，自己做面包、肉馅、蛋糕的人，一定将这一机器视为珍宝。熟练使用便能解决所有问题。

但是，大多数情况下，使用这种多用途物品，开始觉得很有趣，可是一旦遇到某个问题就不会再用了。还会出现维修麻烦、不方便等问题。

而且，这类物品大多个头庞大，并不美观。与此相对，用起来花费时间较长的物品实际上更美观方便。

如果想找方便的新物品，在购买之前，首先请试着模拟其便利性以及看下自己是否能熟练使用。

其次，假如真是看上去很方便的物品，但颜色和外型却不称心，也绝不能入手。因为日后厌倦时一定会对其颜色和外型感到气愤难耐。

也就是说，为了不被其方便性所迷惑，方便之外的条件要非常严格。

排第一位的就是美。

即使非常方便，只要不美就绝不使用，这一条件就是简朴而美丽生活的开端。

检测要点

看上去方便但结果往往被弃之不用的物品中家电类的居多，其中厨房电器（一直被放置在架子最里面）占了大半。那就一次性全部拿出来，决定如何处理吧。也就是说，是搬到容易使用的地方好好利用还是丢掉，一个一个地确定如何处理。

家电之所以方便是因为可以解放人力，用电力来代替人力。薄饼烤箱、三明治机、章鱼烧机……往往因为看上去有趣、方便而买入，可是就算没有这些电器也能做这些食品。最后又因为使用麻烦、不便保养（电器上有很多不能水洗的地方），不知不觉间就被放到了厨房的角落，下次想用又不便拿出来……这样的事例不在少数。

如果丢掉了，也不必担心在紧要关头会束手无策。大多数情况下这些电器能做的都可以手工完成。即使不交电费、电力不足或者停电时也可以完成。

像洗衣机、电饭煲、电烤箱等电器，有的确实方便，但大多数仅仅是因为看着方便才买的。

其实手动打发鸡蛋的蛋白比用蛋白打发器（打蛋器）制作的纹理更加细腻，而且更美味。去土豆等水果蔬菜皮的剥皮器确实非常方便，但至于切片机的功能，只要能熟练使用菜刀就足够了。如果是炸猪排店的甘蓝切丝，还是用电器更好。

“从今天开始”

① 能自己手工制作的绝不依赖家电。

② 使用家电时，要彻底利用其方便之处。

③ 处理掉不使用的物品。

④ 选择手工工具要反复琢磨，并磨炼使用技巧。

⑤ 确认一下使用家电和便利物品能节约多少时间。

Rule 2
只购入美丽的杂货和工具

制作美味家庭料理时，相比制作时的便利性我们更关注食用时的“美味”。因此，选择切、加热所用的“工具”非常重要。

初学者需要一段时间才能熟练使用专业工具，但使用非专业工具制作美食又会有一定限制。所以，最好能从开始就选择专业工具。

那么，如何选择专业工具呢？

如果没做过各种尝试、不明白如何选择，不要灰心，首先要判断这个工具是否美丽。美丽的工具用途广泛、使用方便。

如果不喜欢它的颜色、不接受其外型，却因为便宜而打算暂且先用着，这种物品日后只能有两种结果，弃置或者成为累赘。

比如，明明用菜刀就可以切菜，却因为看上去方便且便宜而购买切片机等切菜工具。在购买之前，请想象一下自己做菜是否真的需要它的功能，厨房里放了它是什么状态等。

如果美学上允许，即使平日里不太使用，但因为手伤等原因而无法用菜刀时也能发挥作用，就可以购买。

工具的美丽和好用是非常一致的。也就是“用之美”。

具有高度美的意识的人才不会买略方便但却担心日后如

何处理的物品。

方便不是一切，“美”才是一切。

做好的食物也是先用视觉品味。

美丽的食物是美味的。

如果容易被漂亮的餐具吸引，选择购买的时候，相比餐具本身，请想象一下盛上食物时的美。餐具和食物融为一体的美才能展示出食物的美味。

检测要点

年轻人比较在意居家环境。市场上被称为入门的杂货非常丰富，出现了和家具一起的玩具箱之类的趣味杂货店区，随之出现的是年轻男士也开始对家具感兴趣，渐渐又出现了整条街道都是出售家具的店铺。彻底减少物品的生活方式开始流行的同时，趣味杂货也越来越受欢迎。

其中，对于厨房小件用品，即使已经用惯了也还会因为损坏、沾污而买新的。实际上，一不小心这些物品就会出乎意料地变成令厨房脏乱差的罪魁祸首。

然而，最近的生活杂货中大多数都是颜色浓烈的硅树脂制品。基本上都是被称为维生素颜色的浅绿色、橘色、黄色等。耐热、防水、牢固，看上去很方便，一旦头脑一热购买后，不知不觉间无用物品就会增多，最终导致厨房的杂乱。

杂货也要和餐具一样，以白色为基础，趣味统一。而且，要严格选择，只放置美的物品。如果其中有收到的礼物不符合你的审美趣味，就要舍弃，这一决心非常重要。

将盛放液体洗剂的五颜六色、形状各异的容器，改成没有制造商名字的白色或半透明的物品盛放，便会给人华美、清秀的感觉。

如果厨房看上去干净利落、漂亮至极，人便会在不知不觉间彻底地形成自己的颜色和形状的审美，电炉、电饭煲等电器产品自不必说，此后从垃圾箱到清洗餐具用的海绵、碗、厨房计时器等也将会谨慎选择。

“从今天开始”

① 替换变旧、变脏的厨房小件用品。

② 购买时以美为标准，统一趣味。

③ 选择餐具时，不要考虑餐具本身的美，而要考虑盛上食物时的美。

④ 选择工具时，如果选择了外型美的物品，功能选择上也不会失败。

⑤ 对于日常必需的杂货和消耗品，为了磨炼美感，不要因为“方便”而买，要因为“美”而买。

Rule 3
以极简为目标

大多数日本人，无论多大年龄，基本上都喜欢极简。材质、色彩、形状等各种要素相互关联，表现极简，是日本人自古以来就擅长的事情。

日本大多数的产品造型都是朴素、简洁，和装饰宝石等饰品的欧洲贵族文化相比，虽在豪华上难以匹敌，但形状、材质、功能的丰富性上毫不逊色。而且，这些产品之所以都是绝佳的，是因为它们都是经过千挑万选后的精品。

之所以以极简为目标，是因为物品的形状、功能和人之间的对话既要毫无多余，还要丰富多彩。

为了丰富多彩就要千挑万选、抽丝剥茧。不仅要丢弃繁杂，还要找出其他的重要事项。也就是说，极简是为了更丰富。

去除不需要的物品，才能显示出真正重要的物品。

拥有众多物品并不是丰富，不依赖物品的日常生活才能感到新鲜感。

就算使用最少的物品，生活也依然顺利。以前，普通日本人的生活处处都充满最低限度。一间屋子可以变成卧室，也可以变成食堂，这是因为可折叠的餐桌和寝具都可以收起或者拿出来。

但是，我想说的并非回到过去。过去的生活有其必然的背景。相比贫困，更是因为当时的朴素、简洁的规则和现代不同。将现代的极简进行到底就要思考现代的最低限度是什么。

一个人独居时，就是开始极简生活的好机会。准备身边的生活用具时，重要的是要排除“暂时”这种思考方式。

厨房用具也好，家具也好，都无须像衣服一样准备多件，另外，除考虑感受之外还需考虑到长期持有。只考虑“暂时”而勉强购买的物品，有可能会伴随你的一生。一开始就要想到家具会伴随自己一生，只购买愿意让其伴随一生的物品。

平常做好挑选工作，才容易区分什么是重要的。

检测要点

说到极简的衣服，自然会想到连衣裙。选择连衣裙时要尽量选择设计极简的款式。最简单的款式是无领无袖的连衣裙。加上首饰，连衣裙也会变得很漂亮。罩上短上衣作工作装，搭配上有短上衣的成套服饰也可作正式的外出装，穿上羊毛开衫也能作日常服饰。

裙摆部分紧贴身的连衣裙适用于紧张的氛围，A 型的连衣裙适用于展现成熟女性的魅力，所以请根据不同的目的选择不同款式。

长度上，不要选择中长裙和迷你裙，以达到膝盖的长度为主，才能令腿看上去又长又美。只需少量这种长度的衣服就能穿出百变风格。

根据季节的不同，材质也有所不同，能展示出好体形的针织品才是穿着方便的服饰。平日里可用抽屉或者箱子收纳衣服，旅行和出差时行李也不会太沉。

成为擅长使用小物件的达人，“用最少的物品实现最好的效果”也不是不可能。

下面来看一下如何做到极简家居吧。极简家居的基础是：

• 物品不要露在外面

• 整理

• 时而丢弃

即使不买，物品也会看起来越来越多。因为会把收拾起来的物品再拿出来。收拾整理的次数和拿出来的次数相同或者高于拿出来的次数就能保持极简。

如果收到的礼物不符合自己的喜好，只要心领即可，物品可以丢掉。

物品拿出来就要立刻整理好，互赠品以及广告赠品只用一晚上来决定是用还是丢掉，只有反复整理才是保持极简家居的基础。

极简的家居中，自然要把必需品的数量降到最低。所以，对于装饰品不要追求数量上的增长，而要关注质量的提高。不能以收藏为基础，只有这样家居环境才容易打扫，才能保持清洁。

“从今天开始”

① 只保留最低数量的基本物品。

② 挑战以无袖女装和无领女装营造的极简魅力。

③ 物品拿出来要立刻收拾整理。

④ 买家具时，不要买暂时使用的便宜货，而要购买反复琢磨后认为好的物品。

⑤ 如果既喜欢这个又喜欢那个，请不要扩大喜欢的范围。

Rule 4
不要被花色迷惑

衣服也好，餐具和家具也好，准备物品的时候重要的是不要被花色迷惑，而要根据其形状和质量做决定。

每个人都会有喜欢的颜色，但首先要看清物品的质量，迟早会遇上喜欢的颜色。选择物品时，一开始就要头脑清晰地选择白色。

可以说这是选择餐具和杂货等繁杂物品的基础。

比如，被洋餐具的美丽花色所吸引，便分别购买了甜点盘子、主餐盘、汤盘、咖啡杯等，却无法完成优美的桌面布置。如果以白色瓷器为基础，即使将来遇到喜欢的花色餐具，也可以和其完美配套。

毛巾、床单等家纺品类，也下狠心（和洋装相比，这些很便宜了）全统一用高级酒店那样的高品质白色吧。为了用有限的预算打造高品质的生活，这点是基础中的基础。

不被花色迷惑，可以在身边放置高质量的布料，来培养识别高质量物品的眼力。而且，用皮肤触感良好的毛巾擦脸和身体，能获得被包裹时的满足安心感。触觉是作为动物的人类所拥有的基本感觉。

家居的颜色要以白色为基调，如何让白色生动起来才是重点所在。色彩是容易随年代变化的，虽然白色的弱点是易脏、变黄，但其他颜色经过三年之后也会发生变化。

全部都用白色这种做法很简单，只是这样一来就忽略了白色的丰富性以及其他颜色的重要性了。所以才需要以白色为主，并搭配其他颜色。希望大家在家中适当的材质和适当的地方配置不同的物品。大家要考虑到为白色搭配木质的茶色，在白色的基础上确定摆放的物品，适当平衡色彩。

白色担任主要角色的同时，也需要其他颜色的衬托。

追求白色具有的高尚感时，也需要不会破坏白色高尚感的其他颜色。

检测要点

选择服装时，最重要的是选择款式，不能被颜色迷惑。

白色和黑色是任何人都能驾驭的颜色，但身为黄种人的日本人皮肤的颜色略微发黄，所以大多数人更适合加入了黄色调的白色。相比纯白色，象牙白或者原白更适合日本人。

无光泽的黑色穿着既不呆板也很轻松，相比白色，黑色是更容易搭配的颜色。但重要的是不要给人蒙着一层灰尘的感觉。

羊毛、针织、羊绒、棉等材质的黑色适用于白天的衣服。

自20世纪初，香奈儿小姐将当时丧服的颜色黑色定为礼服的颜色，将所谓的小黑裙作为鸡尾酒裙，从此以后晚礼服无论如何都要使用黑色。材质上，天鹅绒、蕾丝、缎子、雪纺、丝绸等最具美感，能令首饰也变得耀眼夺目。

白色和黑色容易搭配其他颜色，为了令黑色和白色效果更佳，可加上少量的彩色。若在黑色上加深的、有个性的颜色，黑色会更有魅力。如果搭配卡其色，品质则更上一层楼。

说到适合日本人的色彩，除白色、黑色以外，我推荐日本的自然色绿色、卡其色、蓝色和应季的花色。随着季节变换服装的颜色，不仅不会浮夸反而非常应季。如果能控制基本颜色，就不会被花色所迷惑。

“从今天开始”

① 选择服装、餐具时，不看花色看款式。

② 家居颜色的关键在于白色是否生动。以白色为基础，搭配自然色。

③ 服装要选择适合任何人的黑色和白色。

④ 家纺用品选用高质量的白色物品。

⑤ 试着只喜欢一种颜色，添加的任何颜色都是这一颜色的衬托。

Rule 5
了解适合自己的款式

经常有人问，喜欢的事情和擅长的事情，哪一个应该成为自己的工作呢？如果两者能够一致最好（理由不必多说），但往往大多数都无法一致，所以令人苦恼。在服装选择上也面临同样的问题。自己喜欢的款式和别人看来适合自己的款式常常不一致。

如果是擅长打扮的人，就算遇到不合适的颜色和款式的衣服，也能巧妙地穿出自己的风格，但非常不容易。

那么，普通人应该怎么做呢?

从结论来看，相比“喜欢”，要优先考虑“适合”。

“这么漂亮的颜色穿穿看吧。”遇到这种情况，我们往往会被颜色迷惑。如果适合的颜色正是喜欢的颜色，那很幸运，但大多数情况下，喜欢的颜色不一定是适合自己的颜色。想按颜色来买衣服的时候，提醒自己暂时忘记颜色才是聪明的选法。

设计者一般不会优先考虑颜色。他们首先考虑的是款式，之后是材质，接下来才是颜色。遵循的原则是材质适合款式，颜色适合材质。

也就是说，选择服装从款式入手才是正解。首先看款式是否合适。如果款式合适，之后再讨论材质是否适合这一款式，颜色是否适合自己。

如果亲近的人说“很适合你”，即使不是很喜欢的衣服，也可能是适合你的、能穿出自己风格的衣服款式。

而且，喜欢的和适合的很难一致，可能是因为你不接受自己。相反，如果喜欢的也是适合的，就说明你正确地认识了自己的形象。

如果适合的和喜欢的相一致，一件衣服可以穿很长时间而不厌烦，所以就能用少量的服饰开心地、美美地度过每一天，也能更好地表现自己。也能够爱上自己，更加珍惜自己。

检测要点

为了找到适合的衣服，我建议用自己的衣橱做一次趣味测试。方法很简单：认为不是自己的衣服，就想象一下这件衣服适合什么样的人穿，边想边分类。

如果想象出几个人的形象，就要注意，必须加强区分，认识到究竟哪件是最适合自己的。

进行一次测试就可以找到更适合自己的衣服。所谓适合是指能使自己看上去比平时更美。

关于颜色，基本上考虑将白色和卡其色、茶色和蓝色作为主色，搭配合适的颜色即可。注意，白色分为很多种白，蓝色也一样。如果能早日找到最适合自己的色调，就不会浪费时间。

主色可以为你从不适合自己的颜色中找到适合颜色创造机会。不真实地靠近颜色，只会认为很多颜色都适合。所以不要轻易断言某种颜色适合或不适合。

印花服饰只限于非常华丽的类型或者个性强烈类型的人。因为多数情况下，花色过于显眼会有损自我风格。

另外，印花服饰的搭配难度高于纯色服饰搭配，如果能搭配好就会营造出非常时尚的感觉，否则更可能令人厌倦。

所以，最好趣味完全一致，否则就不要选择印花服饰。

“从今天开始”

① 选择服装的顺序：款式→材质→颜色。

② 喜欢的不一定是适合的，首先要了解什么适合自己。

③ 为了找到适合自己的服饰，要进行趣味测试：

- 拿出自己的衣服，一件一件地想象它适合什么样的人。
- 只留下你感觉除自己以外不适合任何人的衣服。

④ 不购买和自己的趣味不能完美匹配的印花服饰。

⑤ 趣味不固定的情况下，选择一种趣味并坚持一段时间，将此趣味进行到底。

Rule 6
统一衣食住的趣味

如果非常清楚自己的趣味，就可以不收集各种各样的物品。这样一来，也不会造成浪费。如果有好似中心轴一般的趣味并在允许范围内扩大，这一趣味也将更加浓厚。但如果没有中心轴且趣味广泛，好不容易达到的大范围趣味将会相互扼杀。

比如，喜欢意大利摩登，也喜欢韩国古风，在两种家具风格的夹缝空间生活会如何呢？

如果认为两种趣味可以共存，两者之间一定具有历史、文化的共通点等，需要在某种意义上相关联。

如果家居趣味和居住者的服饰趣味相差甚远，居住者和来访者都会感觉不舒服。喜欢艺术派风格和洛可可风格装潢的人，应该不会喜欢穿牛仔配T恤这样过于休闲的服装。混凝土裸露的墙壁、无机材料的内部装修，在这样的房间中，可能令喜欢印花布和丝带的女性感到心痛。

日常生活涵盖了衣食住，所以只有一切都统一趣味才能产生更好的效果，让日常生活更加魅力四射。

但是，如果喜欢的东西各式各样是不是很难决定呢？

和衣服一样，以适合为选择标准吧。喜欢的和适合的相一致是最理想的，家居也是一样。

随着时间的变化，装饰也会发生变化，所以也可以享受各种喜好。说到家居，如果一个家里的不同部分加入了不同的喜好，那会极其荒唐、无比奇怪。如果无论如何都想进行尝试的话，可以在卧室、单个房间等个人的房间中进行尝试。

从喜好和生活方式相一致开始，家居环境也会变美。只有趣味统一，才能享受安乐。

如果喜好和生活方式无论如何也无法完全一致，也可以采用和选衣服一样的方法，抑制喜好，优先选择适合的。

检测要点

家居是离我们最近的环境，但自身的“喜好”和“适合的”可能很难达到完全一致。喜欢也好，适合也好，还有很多其他的因素，不可能涉及所有。

不能仅仅因为这点就说达到趣味一致完全不可能。首先，从自己的房间开始确立趣味吧。家具和零碎物品，都选择自己喜欢的形状和颜色。

之所以感觉房间纷繁杂乱，是因为放置了太多趣味不一致的物品。如果是和自己趣味一致的物品，放再多也不会感到杂乱。

为了彻底执行只布置和自己趣味一致的物品，首先要去除大量的杂物。大部分杂物都是最开始因为实用和方便而选择的，而且有些具有和形态颜色无关的其他价值（例如赠送品、流行品、纪念品、旅行特产）等。

自己房间之外的和家人共用的地方（洗脸台、卫生间、浴室）以及起居室等客人来访的空间里，要稍微控制自己的趣味，表现出生活的态度以及思考方式。

家居并非仅由对形态、色彩、材质等的喜好决定。设备的种类、窗户的位置和大小、门的位置、依生活行为准则的空间构成等，都需要创造出能让人接受的状态。也就是说，采取什么样的生活行为才是决定是否合适的关键因素。

在旅行地的酒店和熟人的住所时都是模拟体验空间的好机会。不被憧憬和新奇所控制，只有在这个时候，才能认真思考心情的舒适和放松来自何处，这种感受是创造趣味的基石。

“从今天开始”

① 环顾房间，去除不符合趣味的物品（无论多么方便、多么怀念的物品）。

② 自己的服装和室内装饰的趣味是否相符？自己的服装和自己的生活行为是否相符？如果不相符，就要决定向哪一边靠拢。

③ 同时要认真考虑颜色的喜好，使颜色和趣味相统一。从室内装饰印刷品和西洋绘画（印象派之后）中学习趣味的色调。

Rule 7
确定自己的时尚“基本款”

最近，介绍时尚的基本物品的书重回人们的视野。

变换和搭配服装时，首先要了解普通的“基本款”和“基本单品”才不会出错。

但是，参考这一类书，不禁感到这个也需要那个也需要，便收集了各种“基本款”。控制基本物品、以更少的物品来营造美丽，不需要普通的“基本款”，而要找到适合自己的“基本服饰”。

那么，本书推荐的“基本服饰”是什么呢？比如，适合大部分人的是衬衫和裙子（裤子）的搭配。所以，也能搭配应季的短上衣和针织开衫。这是从英国女王到花店女子都适合的基本服饰中的基本。

端庄的风格、通勤风、个人的休闲风格，无一不适用这种搭配。而且，在材质和颜色上可以有所变化。

连衣裙 + 短上衣（女套装）的搭配也可以作为基本服饰。

根据连衣裙的形状，脱掉外套就可以从工作状态瞬间变为休闲状态，同时也能调解温度。一般来说，无袖的连衣裙只要加上考究的首饰就能变成简单的聚会装。

某些款式的短上衣也能成为具有女人味的、正式的套装。一般来说，在职场服饰中，平织面料服装采用西装领，呢子料服装等有些华丽的面料采用短款香奈儿风的无领设计，都能营造出女人味。

还有一个方法就是将颜色做成自己的基础颜色。

比如粉色。虽说都是粉色，但还要认真考虑适合的色调是珊瑚红系列的粉色还是玫瑰红系列的粉色。从卡其色变为茶色或者蓝色系列，也一样需要统一。

请选择 1 ～ 3 种令人印象深刻的款式、自己喜欢并适合自己的颜色、装饰用的小物件，尽情享受各种变化带来的乐趣。选择基本服饰时最好能避开印花物品。

检测要点

到现在为止，普通的“基本服饰”有裙子 + 宽大短外套 + 短上衣或者针织开衫。为了找到属于自己的“基本服饰”，重要的是确定裙子长度（裤子宽度）和线条轮廓。因为据此才能确定适合的短上衣款式（主要是身长）。

裙子长度到达膝盖是基本款式。但到达膝盖又分为长度刚好到达膝盖外侧、露膝盖、盖住膝盖，适合的长度因人而异，所以要严格谨慎地进行选择。（难道你家里还没有一面能照出全身的镜子？应该不会吧！）

而且，一旦找到最适合自己的长度，请将裙子的长度修改得1厘米也不差。

选择A型款还是紧身款？根据裙子款式来选择短上衣的款式。有的人最适合的是中长裙或迷你裙，但这种情况下，能搭配的短上衣（主要是长度）就受到了限制。另外，搭配的鞋子后跟高度也会有所不同。

宽大短外套要选择有个性的纯色系。当然要选择适合的颜色，但重要的是要穿出季节感。哪一件的款式、材质都非常重要，要慎重选择合适的领型、袖宽、长度等。决不妥协！

如果确定了适合的衣服，在颜色和款式上不要将就，但材质上可以冒险。

第二重要的是领子的款式。比如即使是同样的衬衫领，领子的大小、领子弧线的高度也会对是否合适产生影响。要了解属于自己的、严格适合自己的款式。

如果确定了宽大短外套，裙子（裤子）就选用黑色或蓝色，还要选用和裙子颜色一致的短上衣（套装）等。于是，鞋子的颜色也只能选择黑色。如果裙子（裤子）选为茶色的时候，鞋子也选择茶色比较好。

“从今天开始”

① 1厘米也不妥协，在能照出全身的镜子前确认适合自己的裙子长度。

② 宽大短外套和短上衣的领型很重要，要找到适合自己的款式。

③ 关于短上衣，身长和材质很重要。

④ 颜色从纯白到原白，要找到适合自己的白色。

⑤ 了解适合的颜色色调、搭配特点。

Rule 8
确定餐具的“基本款”

日本人喜欢餐具。从饮食生活来考虑，如果拥有适用于所有日式、西式、中式料理的餐具，可能就是世界上最大的餐具富豪了。

不仅仅是餐具，也可能会有分别适用于日西中料理的锅具、烹饪工具。单说锅，不仅大小上有区别，材质上也会有差异。从普通的不锈钢锅到珐琅锅、砂锅、铁锅……大锅应该无法兼作小锅。因为如果使用目的不同，即使同样大小的锅，其材质也会不同。

而且，还会不断出现新的看似方便的厨房用品。厨房中受宣传吸引而购入的产品也不在少数，还有些是收到的广告赠品。

另外，常年使用但状况不佳的东西也一直保留着。脏的锅具、不够锋利的菜刀等也因使用顺手而长期持有并使用。而且，你身边应该还有过于珍视却不使用的铜质锅具吧。

于是，狭小的厨房中堆满了多余的厨房用品、餐具。

那么，应该怎么办?

首先，不要再分别准备西式餐具、日式餐具。如果常规饮食以西式为主则只持有西式餐具。偶尔的日式也可以用西式瓷器的盘子。相反，如果以日式为主，西式食物也可以盛放在日式用的陶器中。西式餐具中的盘子搭配漆制的碗这种和洋混搭也非常好。

其次，即使大小不一也要统一选择白瓷，或者只选择蓝花瓷器（釉下彩、蓝色和白色）等，趣味要完全统一，无论哪种料理都可以使用，这样就完全可以用少数的餐具搭配出和谐美丽的餐桌。

关于锅具，即使已经用惯了，也应该换掉有碍美观的锅具。使用珍藏而但崭新的锅具代替。

另外，如第3页中写到的，我们应该讨论下是否还应该继续持有只使用过一次就放置不用的专用电热板（等看似方便的用品）。压力锅、综合食品加工机、蒸食器等要根据使用频率来决定是否购买。

检测要点

西式餐具以白色为基础，并尽量形状统一，选择喜欢、高质量、可以再次用到的餐具。

如果是白色瓷器，也可搭配使用喜欢的古伊万里瓷器[1]和受其影响的迈森窑[2]蓝洋葱系列（染色）盘子等。

最低标准：

- 浅盘，直径25cm、20cm和聚会用的大盘子（30cm）；
- 直径10～15cm的特殊小盘；
- 深盘、大碗，20cm左右的是标准尺寸；

---

1 古伊万里瓷器：日本江户时代从伊万里港出口的有田烧被称作伊万里烧，但现在唯有生产于伊万里地方的瓷器才称作伊万里烧，而之前所述那种情况的瓷器则被称为“古伊万里烧”。——译者注

2 迈森窑：位于德国东部，是中国之外第一个独立发明了硬质陶瓷的地方。——译者注

再加上长21cm左右的椭圆形盘子，即角盘。

当然，日本人无论怎么以西式料理为主，都会用饭碗、蘸酱汁用的小碗、喝汤用的汤碗、筷子，有时还会用到烤鱼用的角盘，但如果其他基本餐具能统一使用白色，就能搭配颜色亮丽的饭碗以及汤碗。

咖啡杯和茶杯可以自由选择喜欢的形状和花色。

除此之外，还需要喝果汁和啤酒以及水等的玻璃杯、红酒杯、喝日本酒用的小玻璃杯和刀叉餐具。

刀叉餐具的最低标准物品有餐刀、餐叉、汤匙、甜点用叉子、茶匙。

锅和煎锅的大小因家里的人数和常用料理的不同而有所差异，但有以下锅具足矣：煮意大利面和面类的深锅、炖菜用的大锅、煮东西用的中号锅、为调味等准备的小型单手锅、在餐桌上做火锅料理的珐琅锅或者砂锅、大小煎锅。

“从今天开始”

① 根据以西式料理为主还是以日式料理为主来决定基本餐具使用西式还是日式。

② 不要分别考虑西式料理用餐具和日式料理用餐具，而要精心考虑装盘和搭配的效果。

③ 西式料理餐具要统一趣味，统一使用白色或者染有蓝色花样的餐具。

④ 使用选好的基本器具代替旧锅具和获赠但不喜欢的器具。

⑤ 改变获赠的两个装玻璃杯套装的使用方法（例如：变身为花瓶、烛台、个性玻璃杯等）。

工具和餐具清单

电动工具	工具	餐具
综合食品加工机 食品混合加工机 电动榨汁机 碾米机	菜刀（镰型） 削皮刀 厨房剪　切片机 剥皮器　取芯器 礤菜板（萝卜、生姜、山葵、奶酪） 罐头起子　红酒开瓶器 瓶起子　榨柠檬汁机 计量器　量匙	浅盘 Φ[1]30 Φ28 Φ25 Φ23 Φ21 Φ19 小盘 Φ10　深盘 Φ23 深碗 Φ20 Φ18 长方形盘子 10×20~23 茶杯茶托
	研磨碗、研磨棒　餐桌　切菜板 竹笊篱　油壶　滤网 蒸食器（或者点心蒸笼） 大碗	玻璃杯 平底大酒杯 高脚杯 小玻璃杯（日本酒用）
	分餐勺　锅铲 木锅铲　木长柄勺 烟灰缸　夹子　公筷	刀叉餐具 〔餐刀、餐叉、汤匙（同样用于甜点）、茶匙、客人用汤匙、筷子〕
	煎锅（特氟龙、铁制） 不锈钢锅　珐琅锅 铜锅　压力锅	

1　Φ：表示一个圆的直径。——译者注

衣服品目

裙子套装派	连衣裙派	裤子套装派
套装 冬夏各5套 （春秋3套）	连衣裙 夏冬各5件 （其中套装夏冬各3件）	套装 夏冬各5套 （春秋3套）
宽大短外套 五分袖5件 长袖5件 特殊品3件		宽大短外套 五分袖5件 长袖5件
编织品2件 裁剪缝制品2件 针织开衫3件 长外套3件（雨衣另备）	单独短上衣 夏冬各3件 针织开衫 夏冬各3件 长外套4件（雨衣另备）	编织品夏冬各3件 裁剪缝制品夏冬各3件 长上衣3件 短外套3件（雨衣另备） 长外套1件

Rule 9
家庭料理也要有“基本款”

如果每天的饭桌上都有属于自己的“基本食物”，忙碌的日子中就会省去考虑菜单、购买食材的麻烦。这样一来，在食材和调味料的准备上、餐具和锅的准备上会省去更多麻烦。

总吃基本食物，难道不会吃够吗？不必担心，就算是同样的烤鱼和酱汁菜单，可以秋天吃秋刀鱼，春天吃鲣鱼等，积极使用应季食材，不仅美味还能品尝不同食物。

家庭料理中有以下三个重点：第一是营养搭配，第二是做法简单，第三是美味。

而且还有一点也很重要，观感。在颜色漂亮、清爽的盘子中盛上摆放优美、看上去很美味的食物，每天的生活也会变得越来越美。

虽然食材多种多样，但要做出既能满足必需营养，又做法简单而美味的食物，可选项并不多。而且，还要考虑到家人的喜好，所以选项会更少。

在反复制作基本食物的过程中，能提高技能、练就熟练的手法，制作的食物也会越来越美味。

从众多的食物中，找到美味简单的食物作为自家的基本食物。

一般来说，操作步骤少、食材能事先准备好的食物能更快制作完成。比如，加热方式仅仅用烤，或者蔬菜、肉、鱼一起蒸等烹饪手法。另外，咖喱和肉汁烩饭等能一锅出，而且饭后整理起来也很简单。盖浇饭和炒饭等的制作时间短。

火锅是制作步骤少、简单且能轻松完成的具有代表性的食物之一。

因为炖菜和咖喱等，一个菜品中就包括了多种食材，所以营养价值高，一个菜便能称为豪华大餐。另外，做一次剩下的还方便存放。

除了火锅，肉和蔬菜一起做成一个菜品并放入其他多种食材，也可以成为家庭料理的基本食物。蔬菜汤、豆汤等也是基本食物。如有剩余，还可冷藏保存。

检测要点

家庭料理中，不必做有名号的菜品。

以蔬菜的本来颜色为基本，食用五色（红黄绿白茶）即可。其次，食材种类要均衡。

这样一来，除了一天的食物，购买食材时制作好常备蔬菜并保存下来即可。这么做可以缩短烹饪前的准备时间，有更多精力制作营养均衡的食物。

比如，秋天到冬天的食物主要有：豆腐渣、海带佃煮（使用做成汤汁后的海带）、大头菜等醋腌食品、醋拌菜丝、蔬菜煮（牛蒡、藕、干香菇、南瓜）、蘑菇炒煮[1]、蒸菜（西蓝花、胡萝卜、小圆白菜）、油炸的甜酱油煮、煮豆、蔬菜牛肉浓汤、猪肉酱汤，等等。

春天到夏天的食物主要有：西式泡菜、腌泡菜肴、法式炖菜、醋腌野姜、汤浸茄子、番茄泥、土豆沙拉，等等。

1 炒煮：将材料用油炒后加汁、调味并煮熟的烹调方法。——译者注家庭基本食物的另一个要点是使一种食物变身为其他菜品。

比如，制作大量的蔬菜牛肉浓汤，第二天（冷藏可保存至第三天）可做清炖牛肉、咖喱。干炸鸡肉放到第二天可和焯水甘蓝等一起切丝做蔬菜糖醋料理等。汉堡包，加上高级沙司、融化后的奶酪、萝卜泥酱油等各种蘸料可做成别样美味。

“从今天开始”

① 重新审视平日里制作的食物，确定自己的基本食物。

② 重点：

a. 均衡摄取必要的营养素

b. 制作简单　c. 美味　d. 好看

③ 注意食物的五色（红黄绿白茶），要摄取大部分必要的营养素。

④ 使用应季食材，做出百变食物。

⑤ 安排好基本食物，享用多种美味。

应季食材清单

春	夏	秋	冬
芦笋　土当归 豌豆　树芽[1] 新卷心菜　新土豆 新洋葱　水芹 药芹　竹笋 楤树芽[2]　油菜花 香芹菜　款冬[3] 款冬花茎　艾蒿	四季豆　毛豆 绿紫苏　南瓜 黄瓜　尖椒 新生姜　西红柿 茄子　罗勒[4] 野姜	大头菜　菌类 牛蒡　地瓜 芋头　茼蒿 胡萝卜　大葱 西蓝花　日本薯蓣 藕	菜花　小油菜 萝卜　根生姜 白菜　菠菜 小圆白菜
鲅鱼 文蛤 真鲷鱼	鲹鱼 康吉鳗鱼 石鲈 鲣鱼	沙丁鱼 青花鱼 秋刀鱼	牡蛎 鲑鱼 鳕鱼 牙鲆 五条鰤 金枪鱼 虾夷盘扇贝

1 树芽：花椒的嫩叶。——译者注

2 楤树芽：又名五龙头、黄瓜香、刺芽菜。含有蛋白质、脂肪、碳水化合物、矿物质、维生素。——译者注

3 款冬：为菊科款冬的花蕾，性味辛温，具有润肺下气，化痰止咳的作用。——译者注

4 罗勒：又名九层塔、气香草、矮糠、零陵香、光明子等。有疏风行气，化湿消食、活血、解毒之功能。——译者注

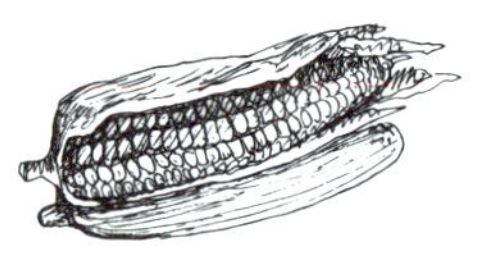

四季基本食物的提示

春	夏	秋	冬
青豌豆和芦笋的 肉汁烩饭	西红柿沙丁鱼 肉汁烩饭	蘑菇肉汁烩饭 南瓜肉汁烩饭	牡蛎和菠菜 肉汁烩饭
竹笋熏猪肉 意大利面食	意大利面	山林风味[1] （蘑菇和金枪鱼） 意大利风味汤团 西红柿	肉汤意大利面食 炭烧面
豌豆饭 竹笋饭	紫苏饭 （梅肉和绿紫苏）	蘑菇蒸饭 什锦饭	大头菜和萝卜叶米饭 黑豆饭
小沙丁鱼盖浇饭	冷汤	炒豆腐盖浇饭	调味汁炸肉排盖浇饭
豆汤 裙带菜汤	西班牙凉汤	蔬菜汤 意大利式面汤	猪肉汤 蔬菜牛肉浓汤 罗宋汤

1　山林风味：boscaiola，即用森林中的天然蘑菇，配以金枪鱼做成的料理。——译者注

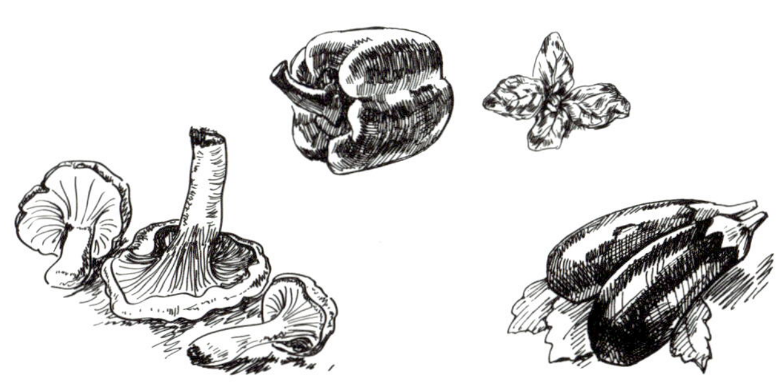

Rule 10
改变不合理的习惯

我们来看一下家庭中的生活行为也就是生活方式的基本情况。生活方式的基本情况由职业、家族成员、人际交往等构成。

和家中是否有全职主妇无关，一般情况下家中的所有成员都应该根据自己的能力，各自分担适量的家务劳动。如果确定好谁负责哪方面，也包括利用外部的家政服务，比如清洁等，那么这个人就可以承担这部分的维护保养工作。

另外，所有家庭成员都要全部知道什么东西收纳在什么地方，这一点也很重要。

而且，也必然需要确定好收纳空间。收纳空间确定的原则是，将东西放在谁都能想到的地方。如果收纳的人以“尽量多地放入物品”这样的想法来完成收纳，那只有放进去的人才能找到物品，不利于其他人找到想找的东西。

也就是说，厨房也好、浴室也好、起居室也好，“什么东西在什么地方”应该以家人的生活行为为基础。单身生活也是如此。

物品的量应以生活方式为基础，要考虑到和家居收纳量之间的平衡。但增加收纳量就要整理物品，这种思考方式并不可取。收纳的基础应该是和空间相匹配，即收纳物品的量应该符合收纳空间。也就是说，不增加收纳空间，就要减少物品数量。

像这样，以居住人的生活行为为基础，确定好收纳量和空间、家具的配置、使用方法、维护保养方法等，才能确定生活的基本方式。

说到生活的基本方式，可能有人会问“这是‘习惯’吗？”但“基本方式”和“习惯”具有明显的不同。

就算不熟悉的方法，用上三次也会因习惯而自然而然完成，这就是习惯。而所谓生活的基本方式，是指为了消除无用的生活行为而愉快生活的生活模式。

而且，这一模式需要时常进行改良。不要将单纯的习惯作为基本方式，一旦感觉到不自由，在难以忍受已形成的习惯之前，就要改变空间布置的方法和物品的使用方法。

对于生活的基本方式，大家应该常常动脑筋想办法、全家人一起设计完成。

检测要点

家具是生活工具。也就是说生活行为决定了家具。而且，家具的使用，让生活行为变得更好。所以，考虑生活的“基本方式”时，家具具有重要的作用。

比如起居室，采用什么样的放松方式决定了使用的家具种类。如果以个人为主则使用躺椅，如果放松姿势是“躺”则使用沙发或者睡椅，如果以聊天为主则使用能围绕桌子的组合沙发。即使没有多余空间作为客卧，但朋友想留宿的时候，也可以选择能够代替床的沙发。

如果起居室的桌子选用几张体积小的，就可以自由摆放。如果放有古时传下来的日式炕桌，则可以作为起居室桌子来使用。如果想静静地品茶，则可以在窗边的角落里放置咖啡桌以及小型椅子。

选择桌子时，原则上要选择符合这一空间的最大的桌子。可伸展的桌子可大可小，但最后大多数都会选择其中一个尺寸长期使用。

不要不加区分地将物品塞满房间，要选择符合生活行为的家具，家具面积控制在地板面积的 30%。这时，不要因为空间小而选择小型家具，要从空间和生活行为两方面来平衡地考虑放什么、哪种家具选择大的。

大餐桌适合独立的大面积餐厅，但也可以通过空间组合来实现适当的起居和用餐。而且，大多数情况下它都会成为全家共用的起居室。在共用的起居室里，选择大型的餐桌会更好，这样除用餐外还可以供孩子学习，做其他家务等。

“从今天开始”

① 清洁、整理、浇水等生活琐事应由全家人共同分担。

② 为了分担家务和服务自己，每个人都要了解家庭收纳。

③ 重新评估现有的习惯中是否存在浪费。

④ 要根据生活行为来决定用什么家具、用多大的家具。原则上家具面积要控制在地板面积的 30% 之内。想方设法地进行符合生活行为的配置。

⑤ 全家人要时常思考生活的基本方式，并加以改良。

Rule 11
合理应对消费欲望

无论对谁，购物都是愉快的事情。如果有什么都不需要的人，他也只是现在想不起来买什么而已，也可能是无法决定该买什么。

长期的经济不景气，导致多数年轻人因为担心未来的生存问题而有钱便去存款，但也只是像曾经的经济泡沫时期那样对奢侈品的渴望衰微，而消费欲望并没有消失，取而代之的是在快时尚、超市、便利店中购买新点心等物品。

为什么每天都去超市？因为在超市中“即使是买很少的东西，也要从大量的物品中挑选”的行为能够满足消费欲望。

从将生活行为当作文化这一视角来看，就会明白大多数物品都是为了创造生活的文化。换言之，即使产生了消费欲望，应该也能很好地处理。

但解决消费欲望的主角必须是自己。从内因来讲，不安、情绪过于高涨的时候，人往往容易被消费欲望所控制。

比如，服装作为自己的自我表现工具，什么时候都会成为消费欲望的对象，但这一消费欲望过强时，就需要控制自己，最好能反省自身。

着装是指创造属于自己的造型。不要被胡乱的消费欲望控制而大量购买衣服，却毫不在意穿着。

其他的事情也是如此。不要被广告和流行等外部信息控制，而要在了解自己现在需要什么的前提下购买需要的物品。

无论多么微不足道的购物，和物品的相遇都是令人感动的事。

恰当地控制物品的购买，消费欲望也能获得愉悦的满足感。

检测要点

通过控制对服装的购买欲望，来确立自己的造型风格，虽然是野蛮治疗法却也是行之有效的方法。

那就是，一年中不买衣服，只穿现有的衣服。

衣服是随时都能让自己看上去更美的展示工具，但大前提是自己必须舒服。而且，舒服源于为了让自己看上去更美而努力的过程。

如果认为身穿高级服装就会变美，那是大错特错的。由

于没有预算而不能购买适合的物品是人们容易接受的理由，但有些爱美的人如果真心喜欢一件物品并认为适合自己的话，即使很贵也一样会买。

为此，首先需要我们彻底了解适合自己的颜色和款式。

确定是否适合就是确定穿上会感到高兴还是厌恶。穿上感到高兴的衣服就是适合的衣服。

如果精心搭配，就算在街上没有找到适合自己的衣服，在已经拥有的衣橱中也能找到想穿的衣服。

如果什么也没有找到，就该慢慢考虑其他的着装计划。

确定是否购买衣服时，深入思考有助于提升感觉、增强搭配能力。而且，下次购买新衣服时，就能选择真正适合自己的、长时间喜欢的衣服。

“从今天开始”

① 想要购买某种东西的消费欲望不能使自己的内心感到不安、不满。

② 购买衣服前，要考虑，现在拥有的衣服是否能与新衣服通过新搭配方式以及略微的改变进行穿搭。

③ 整理衣服时，只留下穿上让人感到舒服的衣服。

④ 处理之前，充分考虑下是否能用作其他用途。

⑤ 从控制购买服装的消费欲望中学会控制整个生活。

Rule 12

不要掉进购物陷阱

有些人稍微迷恋上打扮后，便会立刻开始研究“商品集”。我们确实应该有属于自己的“基本服饰”，但往往会陷入必须拥有世上所有的“基本服饰”这样的情绪难以自拔。

比如一件大衣，就需要及膝长的款、中长款。需要水手短外套、还想拥有披肩式大衣。还有皮革的带腰带双排扣外衣、骑手夹克、羊皮大衣、羽绒服。颜色上需要有卡其色、蓝色、黑色。

单是外衣就有这么多种类，所以再加上要搭配聚会装、工作装等各种场合的服装，“这也需要”“那个款式也想要”，商品集上的商品没有尽头。

于是，想要购入的商品目录不断增加，便会越来越烦恼服装的搭配问题。结果，着急的时候，服装往往会搭配不当。

如果固定搭配的话，拥有几种搭配组合的人一次准备的套数过多，最后有的套装根本没穿过、有的套装只穿了一次。即使想通过单品的组合穿出完美搭配，却往往变成了很多衣服只在衣橱前穿上一穿便再也不穿了。

然而，适合穿裙子的人一般能驾驭套装、短外套＋裙子，或者用各款中长裙来达到完美效果。适合穿裤子的人外出也好，参加聚会也好，出街装、庭院装、室内装统统选择裤子款式即可（适合穿裤子的人身高一般在165cm以上，但根据裤子款式或者对于擅于着装搭配的人也不限于此）。

固定一款产品，确定自己适合的款式，穿习惯后就能展现个性、形成自己的风格。

可是，在找到适合的款式之前需要摸索尝试、研究时尚。因为不知道哪款适合便都想穿上试试，又会不断地做无用功（从另一个意义上来说，这可能是幸福的无用功）。

用少量的商品布置自己的衣橱，也可以说明你具有了解自己的智慧。

检测要点

如果确定了自己的款式，就能够精练商品。

①想确定自己的款式却无法确定的人，请从自己现有的

商品中选择以下三种：

裙子套装派、连衣裙派、裤子套装派。

确定方法很简单，根据自己拥有的商品中最多的款式来做决定。如果裤子多，就是裤子套装派；如果连衣裙多，就是连衣裙派；如果裙子多，就是裙子套装派。

②确定了属于哪一派后，开始选择款式。其次是颜色、材质。

确定款式、颜色、材质时，根据场合（TPO），想象一下自己穿哪款、想展现什么样子、想表现什么样的自己。遇到和想象相符的服装，心情会很兴奋吧？这也是打扮带来的喜悦之一。

T：时间（早上、中午、傍晚、晚上）。

P：地点（大街、工作地、酒店、家附近、公园、家里、别人家、学校等正式场合）。

O：目的（事务员、会议、面谈、同窗会、开车兜风、家务、购物、聚会、聚餐、父母会、访问）。

“裙子套装派”“裤子套装派”

平时穿着基本上是宽大短外套或针织内衣加裙子（裤子）。在此基础上再搭配针织开衫。如果合适，外出也可如此穿着。

外出和工作时，也可搭配套装或者短上衣。

短上衣和裙子（裤子）不要单独准备，如果同时持有可搭配为套装的衣服，就可以作为套装来穿，也可作为单品搭配着穿，可当正式服装，也可当休闲装，也可作为商务装。

所以，不必准备很多件。

裙子套装也好，裤子套装也好，基本上准备春夏、秋冬各 5 套。

你可能觉得多，但因为没有其他款式的衣服，所以数量并不算多。

宽大短外套，同样款式的商品准备不同颜色的、长袖半袖各 5 件。

对套装派来说，宽大短外套可搭配出华丽的感觉。即使是同样的套装，不同的短外套也可变为应对不同场合的装扮。

除基本服饰以外，还需准备聚会用的特殊短外套 3 件。

轻松的聚会上，因为短外套呈现的气质，所以搭配平常的套装即可。即使是稍微正式点的聚会，就算是同样时髦的材质（天鹅绒、缎纹等）的短外套和裙子（裤子），有的款式看上去像鸡尾酒裙，有的像汉服气质款式的晚礼服。

“连衣裙派”

工作装中的连衣裙是短外套和裙子组成的一个整体。选择简约且适合体型的连衣裙、轮廓漂亮的连衣裙、肥得夸张反而能充分展现身体曲线的连衣裙。

穿着简单是连衣裙的强项。工作地、会议和访问中罩上商务用短上衣、事务员罩上针织开衫、晚上的招待会上配以首饰，对于职场女性来说这都是方便的搭配。

如果晚上有约会和女性聚会，都可以尽情穿着细腿毛线裤、紧身衣裤等营造出休闲风。而且，如果有搭配的短上衣，也是一款适合正式场合的着装。

连衣裙的数量基本是春秋和夏冬各 5 件。其中女士套装的短上衣、单独的短上衣、针织开衫夏冬各 3 件即可。

如果需要晚礼服和鸡尾酒裙，也可以准备。如果平时习惯穿连衣裙，一定也能完美地选择礼服。

“从今天开始”

① 整理衣橱，了解裙子、裤子、连衣裙哪一种最多。

② 如果确定了自己的款式，今后就只买符合这一款式的服装。

③ 用心研究自己款式的搭配。

④ 即使确定了款式，为防止同款过多，以三年一换为标准。

⑤ 使用小物件、首饰提高时尚感。

Step 2

极简 Minimalism

Rule 13

了解不浪费物品的处理方式

有一个词叫“乱花钱”，但只有丢掉买来的东西或堆砌不用才是浪费。过分节俭会剥夺购物的乐趣。不浪费的生活不是指不买任何东西的生活，而是指让购买的东西物尽其用。

如果误买了不需要的物品，不要让自己陷入自我厌恶中，而要考虑如何让不需要的物品发挥作用。购买者有责任使其发挥作用。

但是，电、煤气、水，就需要节约。要习惯不浪费电、煤气、水的生活行为。另外，贮存大量厕纸、调味料等消耗品也是一种浪费。要明白，这些东西放在店里和放在自己的储藏间里一样。

购买消耗品的前提是在适当的时间内用完，只买适当的量、不多余。

另外，非消耗品要保存好，想办法长期使用。

有些物品感觉不需要时，要看下是否可以在其他地方物尽其用。“高效使用”和“用完”具有相同意义。

当然，最好的办法是一开始就不购买看似无用的东西。即使在购买时才感到它并不是很需要，也不算晚。购买日常用品和衣服等，如果过一夜之后还想买，就可以下决心买入了。

但是，确实会遇到千年一遇的好物品。就算迷恋某一物品，也可能会遇到一些妨碍条件。如果没有任何妨碍，遇到了那就尽情享受和它的邂逅吧，一旦拥有，就要一用到底或者使用熟练。而且，不要忘记人可以通过物品来磨炼自己的感性。

消耗品要“用尽”，非消耗品要“熟练使用”。

这就是和物品之间没有浪费的交往方式。

而且，要经常确认每一物品的存在理由。

检测要点

不剩下食材是消除浪费的最佳方法。

比如，厨房里剩下的蔬菜等，想做别的食物量却不够，就会浪费掉，这种时候应该：

• 剩下一点儿葱时，切小块或切丝冷藏，可做汤汁的调味料，非常方便。

• 柚子等将皮切薄，直接冷藏。量大时，加入生姜做成柚子汁，可放进冬天喝的红茶里。

• 剩下的胡萝卜切丝，干燥后就变成了美味的茶。

不用冷藏的时候，为了不浪费食材，特别是蔬菜，买来后要立刻进行干燥、蒸等处理，一定要食用完。

• 香菇和金针菇等真菌类要拆开晾晒、冷藏。

• 生姜很难冷藏保存，所以常温下用纸包好放进塑料袋中，或者切丝干燥。如果有些许空闲，将生姜皮和小鱼干、鲣鱼干、海带、酱油、砂糖、酒等一起煮、过滤，就做出了美味的汤汁。过滤后，掺入研碎的芝麻等，也可拌饭食用。

• 把生姜切薄用醋腌，如果加蜂蜜腌制，可用于任何食物。

• 洋葱切片用醋腌，也可切碎冷藏。这种做法方便炒菜时使用。

重要的是丢掉剩余品时要有罪恶感。

其次，不要被加工食品的“魅力”折服。因为从市场上买来的色拉调味品和加工的特殊调味料没用完的基本都在保质期截止后被丢掉了。

与其如此，不如将简单的豆酱、酱油、醋、砂糖、盐、胡麻油、橄榄油、香辛料等混合，亲手制作家庭调味料，这样也更利于健康。只制作足够食用的量就可以了，避免浪费。

“从今天开始”

① 只要购买了，消耗品就要用尽，非消耗品就要熟练使用。

② 将剩余食材另做加工，或者重新处理。

③ 不买加工食品，亲自手工制作。

④ 将减少垃圾和社会地位联系起来。

⑤ 相比购买豪华便当，购买食材也能满足生活需求。

Rule 14
掌握保养技术

保养好衣服、家居用品并长期持有，要像保养我们唯一的身体一样。实际上，拥有保养技术的人和没有保养技术的人的寿命、物品的寿命都不一样。

衣服保养的重点是尽量少清洗。清洗时，要回顾新品时的样子，擅于整理的话，布料的风格会切实地固定下来。

虽说如此，相比在脏的状态下保存，清洗是更好的选择。

特别是粘上手洗不掉的浸染污渍时，不要放置太长时间，应尽快交给优秀的专业人员清洗。放置时间越长，越难以清洗。

清洗好后，整理好拿回来时一定要拆掉塑料袋，换上具有透气性的无纺布等专用罩子。

整理换季衣服时，为了不忘记都有哪些衣服，可以拍下照片。不仅能防止丢失，来年购衣和整理时也能比较轻松。

下面列举一下家居保养的注意事项。

因为有家人的存在，所以对于家居不能像衣服那样只注意自己一个人，但如果经常保持干净，别人自然而然地就不会弄脏弄乱家居环境。家人便会养成爱干净的习惯。

脏只会带来更脏，如果家里经常保持“干净”，维持起来也会很轻松。

地板、桌子、架子等，表面上很快就会布满灰尘，尘土飞扬又落到其他物品上，所以每天都认真擦拭很重要。

用水的地方，特别是洗漱台的洗脸盆只要接触了水就会留下水渍。如果能养成使用后立刻用毛巾擦拭干净的习惯，就能长期保持干净。

检测要点

如果不送去专业洗衣处清洗，该如何保养衣服并维持整洁?

• 冬天的衣物，穿后要认真地通风、刷洗干净。

• 夏天的衣物和轻薄衣物自己清洗。

保养衣服的方式中最具技术含量的是熨烫。先从连衣裙和 Y 衬衣开始加以练习。

不硬的熨烫台更为合适。

熨烫的重点是熨斗移动顺畅，移动时要谨记热传导时不用力按压熨斗。

熨烫顺序是袖子的后面、前面、袖口内外。双层的地方要熨烫开褶皱。

接下来是肩以及前后身。从口袋里开始，最后熨烫领子。

如果有自己独创的顺序也无妨，认真地、正确地熨烫，习惯后就会成为熨烫高手。

其次，列举一下家居用具的维护方式："干擦"和"摩擦"。除掉污垢是必需的，但需要摩擦的物品却有所差别。

以镜子、玻璃为代表，门把手、水龙头五金件、瓷砖材质、银制品、家具、照明器具等，有光泽的物品要让其一直闪耀！总之，摩擦是有区别的。摩擦能营造出清洁感、安宁以及最高的美感。

而且，为了高效率地“摩擦”作业，不要在材质表面附着油脂、皮脂等。因为污垢会附着在油脂、皮脂上。

所以，每天都要干擦。干擦看起来是擦没有污垢的地方，实际是为了擦掉招尘的皮脂、油脂，防止粘上污垢。

“从今天开始”

① 粘在衣服上的斑点，要尽快送到洗衣店清除干净。

② 冬天的衣物，存放的时候要通风、认真地用刷子刷干净。

③ 衣物能在家洗的就在家洗，掌握熨烫技巧。

④ 家居保养的基本方式是“干擦”和“摩擦”。

⑤ 对于容易有水渍的家具和水龙头的水垢，所有家庭成员都要随用随擦。

⑥ 镜子、玻璃等有光泽的物品要经常擦拭，保持光泽。

Rule 15
始于干净

一般来说，不清洗的干净衣服能保存更长时间。但是，大面积污垢的处理，最好还是交给专业人士，所以，为了长期保存衣服、穿出应有价值，一开始就要避免或挂到什么地方导致破损。

用餐时偶尔会洒汤、掉菜，不知不觉间就粘到了衣服上。因此，优雅进餐，餐巾使用也很重要。

可是，穿着珍藏的衣服时为什么会洒汤掉菜、挂到某处而开线呢？这是因为穿了不习惯的衣服而紧张、注意力不集中。所以只选择穿着自然、不怯场的衣服。穿着习惯的衣服，会使身体和衣服和谐，而不会因介意衣服而不自然。

特别是聚会等场合，穿着暴露的礼服，还要时不时和动不动就滑下来的披肩做斗争，在这种情况下，常常会发生粘脏、挂丝这种意想不到的麻烦。

为了避免这种情况，刚开始就应该避免穿着太暴露的礼服、开襟女短衫、无袖短上衣等，下身不要穿透明面料的衣服。披肩用胸针固定，使其和衣服化为整体。或者，如果披肩原本是为了防尘，则可以在室内脱下来拿在手上。

家居也是一样。

不要弄脏白色的地方，有光泽的地方要时常摩擦得闪闪发光，花瓶中插着的剪花要保持盛开，随处都一尘不染才是理想的家居环境。

因此，家居环境应该保持干净、易于维护或者污垢不显眼的状态。

检测要点

为了保持衣服的清洁，吃饭时的吃饭方法很重要。正确的方法是一点点仔细地吃。即便如此也有人会担心，所以穿白色礼服的时候，最好能避开番茄沙司、意大利面和小笼屉荞麦面。

当注意到衣服上少了一颗扣子的时候，很多人会用一颗设计不同的扣子代替。所以穿衣服之前就要先确认好扣子是否完好，如果扣线松了，要立刻缝好。

关于家居，不可能不出现灰尘。所以选择容易打扫的家具来布置家居，能让人更愉快地打扫卫生。

但是，清洁感不是光靠打扫就能保持的。物品的摆放方法，放置的物品的颜色和空间位置以及搭配方式才是构成清洁感的重要因素。

• 多余的家具占据空间，动一动吸尘器都觉得麻烦。

• 如果架子上的东西过于繁杂，会妨碍擦拭架子上的灰尘。

• 人造花、保鲜花[1]、干花容易粘灰尘，如果想用这些来美化房间，往往会起到反作用。

• 最开始就不要使用容易显脏的颜色的家具。比如，黑色架子很时髦，但只要半天就会落满白色的灰尘。

1　保鲜花：使用药品加工的可保存花草，去除鲜花的色素和水分，从花茎吸收人工色素，保持鲜花的颜色和质感，数年不变。——译者注

• 深颜色虽有个性，但往往有损清洁感，使厨房中的白色污垢醒目，所以要立刻擦拭干净，才能够保持清洁。

• 对于不锈钢材质的物品，每次使用完毕都要擦拭干净才能保持美感。

"从今天开始"

① 最好的维护保养方法是始于干净。

② 聚餐时，为了不弄脏衣服，要学会优雅进餐。

③ 为了保持干净，要选择容易打扫和保养的材质、颜色不显脏的家具和衣服。

④ 避开容易显灰尘的黑色等深色家具。

⑤ 尽早处理污垢，养成眼睛看到后立刻清理的习惯。

Rule 16
将“喜欢的”“适合的”衣服穿到底

过去，日本人只穿和服的时候，一件和服虽然被洗过多次，但一定会穿到最后。现在，衣橱里满满都是完好但不想再穿的衣服。几乎没人从开始就想着要把衣服穿到最后。

结果，为了过简朴的生活，很多人将不穿的衣服丢弃，或在网络上拍卖，总之就是撒手不要了。但是，这样就造成了浪费，非常可惜。

但对于“喜欢”且“适合”的衣服，虽然暂时不穿，应该也舍不得丢掉。

那么，将衣服穿到底的方法有哪些?

• 尺寸不合适的衣服，不能原封不动地一直保存，要修改尺寸。

• 不适合现在的自己穿的衣服，为充分利用其材质和颜色可以将衣服翻新。

• 改变搭配也是将衣服穿到底的手段。无价值收藏的长围巾等小物件，搭配不同的组合也能使其重获新生。

很多衣服在原封不动地丢掉之前或者无价值收藏之前，可以动脑筋加以变化，就能将其穿到底。

• 达到不能穿的程度、有破损的衣服，可以剪成布头做小袋子、大手提袋、领花和发饰等。

• 旧衣服等也可以撕成布条做垫子。便宜的垫子到处都是，但用好材质加工成的垫子品质更上乘，而且减少了浪费。

其实，最重要的是最初以什么样的思想去选择衣服，决不能仅因为预算有限就低价购买便宜货。

如果穿着最适合的、最喜欢的、到哪里都能获得表扬的衣服，举止行动中就会注意不弄脏衣服，会认真地加以整理。即使设计过时、布料受损，也会想办法将衣服穿到底。

在有限的预算中，相比不断地购买便宜货并储存下来倒不如购买能穿到底的衣服更加经济实惠。

而且，还能培养不浪费的生活方式。

检测要点

如果将衣服穿到底是消除浪费的一个方法，我们就必须在选择衣服之初慎重考虑。

拥有考究的材质和装饰的时尚服饰，最好不送去清洗店清洗。通风有利于长期保养。

另外，为了使旧衣物“变身”有用的物品，还需要掌握一点缝纫等技术，但不要想得太夸张，例如翻新成大手提袋或者购物袋，应该谁都能做到吧。

利用串珠和水晶等零碎装饰，可以将简朴的造型变得华丽。相比蕾丝和刺绣，这种方式更节省时间。

将旧物重新利用是不浪费、节约的行为。对大部分物品来说，翻新确实比重新购买更便宜。

如果能以长远的眼光来看待不浪费的生活方式，结果也会经济实惠，在此基础上，我们每天的生活也会更加优美而愉快。

“从今天开始”

① 翻新“喜欢”并“适合”的衣服，将其穿到底。

② 无论如何也不能再穿的衣服可以剪成布头或者撕成布条制作成小袋子或者垫子。

③ 为了将衣服穿到底，保养很重要。最初就要选择不需要送到清洗店而可以手洗的衣服。

④ 为了能将衣服穿到底，要挑战手工缝纫。

⑤ 动手改装衣服，挑战只有自己才能做的事情，可以磨炼感觉。

⑥ 最初就要以穿到底、能加以改装为前提来购买真正喜欢的高品质衣服。

Rule 17
选择你愿意陪伴一生的物品

曾和人谈到时尚，我问对方“你喜欢什么样的短外套？”得到的回答是“容易熨烫的”。遇到喜欢并适合的物品，实际上对于自己来说就是贵重品。因此，才会想着保养并长期使用。

但是，什么样的易于保养呢？价值观不同答案也会不同。

比如，熨烫 100% 棉的西服衬衫需要很好的技术，但如果材质是涤棉混纺就很简单。而 100% 涤纶的衬衫则不用熨烫。

另外，相比 100% 棉的西服衬衫，加入涤纶成分的西服衬衫在风格上不仅不如前者，单是领子的污渍、黄斑等就很难清洗，而且，硬挺程度也稍差。

100% 棉麻的衬衫和短外套，熨烫时费工夫，但时间越长越有独特的风格。如果是白色，即使变黄也可以漂白。

对于床单、毛巾、桌布等家纺类也一样。虽然色彩绚丽更吸引人，但除了圣诞节用的红色餐巾，平日使用的物品最好统一为白色。

染色品时间长了会褪色，布料受损前外观就会变得寒酸，而且不能漂白。

情况相同的还有鞋、包和沙发等皮革制品，桌子和收纳等木制品。

合成皮的产品比真皮的产品便宜，但擦拭后会变美的只有真皮。弄脏、损坏后可以切掉重新涂装并能长期使用的只有木制的无垢材质家具。

另外，漆器和银器也是如此，一般来说相比人工材质的物品，天然材质的物品用起来虽然麻烦些但手感更好。通过各种各样的方法，能实现长期使用。

检测要点

之所以会犹豫是否购买白色皮革家具和外套，是因为容易显污垢。而且如果是鹿皮，污垢还很难去除。所以，为了长期使用，从最初就应该选择容易保养的物品。

比如：

• 相比四个直角的物品，当角上粘有污垢的时候，圆角的物品更容易清洁。

• 榨汁机和电热板等电器，要考虑到有污垢的部分是否可以拆开水洗。

• 手柄容易损坏的锅，可以单独更换手柄的才能使用更久。

以前的全桐木橱柜，通过切割修整，可以连续使用两三代。

回想一下物资和金钱都不充裕的过去，或许能得到很多启发。

对于家居品，更重要的是保养（实际上需要从设计的阶段就开始考虑，这里略去）。比如：

• 手触摸后容易留下痕迹的地方，用容易清洁的材质比难以清洁的布料和纸质壁纸使用更长时间。

• 室内饲养猫狗等宠物、家里有婴幼儿时，用地毯不仅打扫麻烦，而且污垢也易于病菌繁殖，所以要选择木质地板。

• 百叶窗和窗帘即使好清洗，也是三到五年的消耗品而已，需要及时更换。

•布艺沙发不仅容易积压灰尘，粘上污垢也很难清洗。脏了之后不要买新的更换，而要重新换布料。

"从今天开始"

① 短外套和衬衫要选择能自己清洗和熨烫的类型。

② 家纺用品统一使用白色，漂白后即可长期使用。

③ 关于厨房用具和餐具，要选择容易保养的类型。

④ 家具和室内装修，要注意保养以长期使用。

Rule 18
享受色彩的缤纷

日本人喜欢长谷川等伯的《松林图》屏风等水墨画。水墨画虽来自中国，但有的却与内心深处洋溢着生活热情的日本人产生了共鸣。另一方面是色彩艳丽的大和绘、绘卷物、土佐派、狩野派、琳派、浮世绘等，古时日本的绘画多色彩丰富。日本的绘画不只有水墨画。

如果了解了款式的功能性、自己适合的款式、高级的材质，就能辨别什么是上乘颜色，就不会被花色迷惑。

尾形光琳的《燕子花图》屏风中看到的蓝色是群青色，维米尔的《戴珍珠耳环的少女》中的头巾颜色是群青色（维米尔蓝）。乍一看是同样的蓝色，实际上完全不同。虽然两种都是美丽的色彩，但颜料的差异，颜料通过空气的变化差异和颜色的搭配营造出了感性上的差异。

看着群青色的花、绿色的叶以及金箔三种颜色表现的燕子花群生像，日本人在抽象的颜色世界中甚至感受到了其他颜色的存在。这是由于日本的空气、湿气赋予的清新感。

色彩还会影响我们的情绪状态。

真正精神饱满的时候，就算是穿着颜色朴素的衣服也不会在意，但稍微怯懦的时候，如果选择了朴素的颜色，渐渐地会更加怯懦。可是越是这种时候，越容易选择朴素的颜色，所以这时要特别注意，选用能提升精气神的色彩。

想提升精气神时，最好的办法是穿着黄色、橘色、红色等明亮色彩的衣服。这种颜色能引人注目，所以能推动容易怯场的自己前进。如果全身都用亮色会过于引人注目，可只选择亮色的短外套或者围巾、手套。

平时以时髦的朴素颜色：白色、黑色、灰色、卡其色等为基础色调来装点衣橱的人，也一定要适当地在灰色上加入粉色，卡其色上加入红色等精神的颜色。以这种搭配出场一定会给人眼前一亮的感觉。

以上这些绝不是“浪费”。想要将所有的浪费全部排除出生活，甚至连情趣都一并排除，从愉悦生活的根本目的来看，是本末倒置的。

检测要点

人不仅要用视觉，还要利用皮肤来感受色彩。

白色使女性看上去健康。

粉色使皮肤看上去更有活力。

淡紫色具有将自我治愈力的能量传遍身心的功效。

将色彩选择用在食材上对人的积极作用更加显著。

因为蔬菜和水果的颜色是自然的颜色，所以哪一种颜色都对身体有积极的促进作用。

最近，和沙司一起制作的各种颜色的生鲜蔬菜，为了尽量不损害其颜色的新鲜，一般采用蒸食的方法。这样不仅营养素不会流失，而且也充分体现了色彩带给人身体和内心的积极作用。

蔬菜努力展示着它的色彩是在用生命赋予人类充足的力

量。用蔬菜制作的汤不仅美味，而且是人身体不可或缺的营养。色彩丰富的蔬菜其颜色也能够引起人们的食欲。

食物的主要颜色有五色（红、黄、绿、白、茶）和黑色、紫色。

要想蔬菜美味，就要关注其颜色，以绘画和搭配衣服颜色的心态进行搭配。

西餐馆和日式饭馆的装盘看上去具有艺术美，并不只是因为其造形，而是通过搭配得像艺术一样美，来烘托食物本身的美味。

西红柿和洋葱，土豆和黄瓜以及洋葱，胡萝卜和西蓝花以及甜菜（红蔓菁）、萝卜等，只用蔬菜本身的颜色呈现的效果就非常好，加到肉里、填充到海鲜沙拉和生鱼片的空隙中，其色彩也会引起大家的注意。

“从今天开始”

① 缺乏勇气的时候，有意识地穿能提升精气神的颜色的衣服。

② 意识到颜色对身体和内心的影响。

③ 注意蔬菜的色彩。

④ 注意颜色，以绘画的心态去搭配蔬菜。

Rule 19
住得舒适而美好

家居是由“物品”和“空间”以及“居住人的行为”构成的。

无论多么宽阔的空间，如果堆满了物品，人的活动空间就会变得狭窄，无法有效地利用空间。符合空间大小的物品量和行为之间达到平衡，才能营造出舒适的家居环境。

为了空间宽敞、心情舒适，首先就是不能让没用的东西塞满空间。如果感到很狭窄，就要整理物品或者置换物品。

那么，怎么置换物品呢?

物品因生活行为的需要而存在，所以要以生活行为为中心来重新确定物品的量和放置的位置。

如果按照行为来限制必需品，对于一种行为，可能有几种重复的物品或者贮存多个相同的物品。这时通过处理掉不需要的物品等方法，来充分利用空间。

但是，像圣诞节和新年的装饰品、餐具等，即使不会天天使用，我们也应该将这种有使用机会的物品当必需品保留下来。

不可随意丢弃的物品是指现在不用，但不知何时就可能需要的物品。可是大多数情况下，这些物品都不会再被使用，而是被遗忘，以终身收藏告终。

将要被处理掉的物品中，只要有一次用到过这一物品的经历（大部分人都有过这样的经历），在处理的时候就会莫名其妙地感到压力而犹豫着无法抉择是否丢掉，但这样下去将永远没有结果。

聚焦于当下和不远的未来是否需要才是关键。

空间扩大后会让人心情舒畅还可以展现家居的美丽。

比如，纪念品、装饰品、兴趣收藏品等不要丢掉，也不要放在储藏间的最里面，而要巧妙地展示出来，这样不仅能节省空间而且使其看上去美观。

只有珍贵的收藏品才能成为美化家居的物品。

检测要点

营造美好的家居环境，不仅仅是陈列展示纪念品。

最简单有效的方法是插花。

即使无法做出有风格的插花，只要用花来装饰房间，空间就会变美并拥有自己的风格。

但是，壁龛[1]这样有限的空间里，以既定形式展示季节的

1 壁龛：设于日式房间正面上座背后，比地面高出一阶，可挂条幅、放置摆设、装饰花卉等的地方。——译者注

插花，既有不得不遵守的制约和死板，也有惬意的一面。比如说，按照使用说明书操作就一定不会出错。

现在，自由插花已经成为主流，自由的另一面关系到感觉。也有方法可以用来学习插花（欧美流行的说法）基础，但要注意插花也像在原野和庭院中盛开的花朵那样，往往会向着太阳生长。

无论是哪种形式，重要的是表现出季节感。每天有花的生活是理想的，如果做不到每天有花，至少我们可以先用鲜花来装点圣诞节、新年期间、家人的生日和纪念日等特殊日子。

装点家居的物品中仅次于鲜花的是绘画、挂毯、照片等。

这些都可用于装饰墙壁。这时，要根据季节更换装饰品以营造出季节感。

墙面上装饰品的高度和位置要合适。

另外，桌子和装饰用的架子上可以摆放小物件，而且小物件的布置要和花相搭配。小物件不必价格高昂，例如河滩和海边捡到的颜色、形状格外美丽的石头和贝壳等也能利用装饰方法营造出良好的装饰效果。

家居环境要能起到给人以不夸张、令人心情愉悦的作用，这才是不浪费空间的表现。

“从今天开始”

① 找到堵塞空间、不需要的物品并丢掉。

② 纪念品，与其收藏到储藏间不如陈列出来装点家居。

③ 用有季节感的花和绘画、挂毯来装点家居。

④ 插花，从一朵花开始培养用鲜花来装饰家居的习惯。

⑤ 家居的装饰要考虑到物品的大小和数量同空间之间的平衡。

Rule 20

即使不买，平日也要欣赏优质物品

对时尚、室内装饰、桌子搭配有良好感觉的人一般是见过很多这种专业工作的人、平日里会积极整理相关信息的人。

因为看的多了，所以渐渐就能分辨优质物品，自己也能见样学样地精通起来。

对于时尚，穿不穿、买不买是有区别的，但可以通过杂志、网络以及橱窗展示等各种方法触摸到时尚的信息。这些是高级品、廉价品、高品质的物品或高级品牌等时尚动向的美丽缩影。充满了世界上有关时尚的各种信息。

关于品牌，除了自己喜欢的品牌，还要到实体店去实际接触不同年龄段、不同生活方式和不同风格的物品，偶尔试穿一下，真实感受其设计和品质，并同自己喜欢的品牌加以对比。

即使是不关心时尚的人，也会想知道最新的搭配是什么，这一点无关年龄。我们还可以增加自己搭配的风格。

最近，因为快时尚的盛行，越来越多的人认为从花到高级品牌都和自己无缘，都是商业策划的产物，而不再关注，但制造快时尚流行物品的正是每年的巴黎和米兰服装周。

关注这类信息，有利于高效选择快时尚商品。

如果你看过很多优良的产品，当真正需要选择适合自己的服饰的时候一定会有帮助。

身穿高级品牌的人，我建议不要只关注自己喜欢的品牌，还要关注其他品牌，扩大自己的认知度。从设计师的思想、剪裁、设计等方面和看似与服装选择无关的信息中获得启发。

检测要点

重要的是无论购买与否，平时都要接触优品，室内装饰品、玻璃杯、餐具等都是如此。

靠垫、窗帘、装饰架、沙发、桌子、香槟酒玻璃杯、银器等，即使短期内没有更换计划、价格严重超出预算或者遇到的品牌完全不符合自己的趣味，也要养成购物时顺便看一下、试一下坐在沙发上的感觉、看海外杂志等习惯，不知不觉间就会自然养成分辨优品的眼光和感觉。手工制作和翻新的时候也会有所启发。

看欧美电视剧和电影的时候，也可以获得一些参考。

海外杂志中的室内装饰页面、电影的场景也可以成为家居布置的参考，这样一来家中将发生翻天覆地的变化，虽然也有人会因为空间狭窄、没有预算而提出反对意见，但不要一成不变，了解其趣味爱好、生活方式，并吸收、应用在自己的生活中。即使只是看，也会自然而然提高自己对于家居装饰的感觉。

即使觉得现在用不到，但如果也想采用类似的生活方式，那就将相近的趣味留在心里，一旦用到的时候，就会对家居布置的成功实施发挥重要作用。

另外，关于住宅设备和电器，即使当前没有更换计划，也可以先检测一遍，利于使用更长时间。绿色制品、新设备、家居用品等正在发生日新月异的变化。平时关注这种信息，一旦用到的时候，就能做出准确的判断。

比如，最新的空调系统中有计量换气系统。终端机不会影响室内装饰，夏天冬天都可以控制到合适的温度。但是，这种空调并不适合开窗、通风等做法。

享用家居信息的同时，重要的是不断检验自己想要的舒适到底是怎样的。

“从今天开始”

① 为了培养鉴赏眼光，不管穿不穿、买不买，平日里都要多多接触高级品牌和各种时尚信息及商品。

② 从海外杂志的照片和电影等中感受家居方式和室内装饰的魅力。

③ 通过欧美的室内装饰信息，学习家居布置和搭配基础。

④ 关心住宅设备和电器等的最新信息。

Rule 21

练习烹饪美味家庭料理的技能

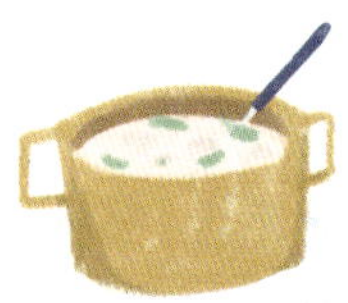

现在，大多数人会在网络上查找烹饪方法和美食信息。电视上的美食节目一直都很受欢迎，而且还可以观看往期视频。

但是，熟悉烹饪方法的人对蔬菜等食材的处理方法、营养价值信息等的关心度却出人意料地低。希望大家在搜索烹饪信息时关注一下食材所具有的营养价值、与烹饪技术相符合的加工方法、能获得什么美味。

即便是电视上的美食节目和网络投稿中人气超高的烹饪方法也不一定适合你。与其不停地尝试新方法，不如磨炼自己拿手的烹饪方法，比如可以应用到不同食物上的烹饪方法、运用娴熟的烹饪方法等。这样一来，收获会更多。

为了能把获得的信息转化为自己的东西，重要的是先掌握基础知识，烹饪美食也是这个道理。所以，我建议大家学一下美食课堂的基础讲座。不仅学习食物的知识，沙龙中的信息交流也非常重要的。如果好不容易参加一次心仪老师的讲座，就要 100% 忠实地接受他的教导。这是因为人品和食物是一个整体。

另外，一流的饭店和日式饭馆也是获得调味、菜单、装盘、餐具选择和搭配方式等内容的良好信息源。

食材的营养价值和加工处理方法一直都在变化和进步，新信息有助于我们更好地了解并利用食材做出美味的食物。另一方面，大家要注意到，古人经常食用的食物中，很多都在营养方面得到了现代人的认可，这一点令人心生愉悦。

在准备家庭料理的过程中，要认真地购买营养价值高的优质当季食材（购买方法多种多样），可通过预先处理使食材处于可立即使用的状态，并加以保存。这样可以缩短烹饪时间、快速确定菜单。如果有时间，也可以制作常备菜。要习惯于将食材作为“自家孩子”来对待。

检测要点

将看到的烹饪方法转换为属于自己的信息，处理食物信息时，重要的是查看制作方法并想象其大致的味道，可以用其他的当季食材和调味料代替。希望大家能掌握最基础的烹饪知识。

接下来介绍一下调味的基础知识。

“调味之前的注意点”

美味常常被认为是通过调味得来的，但如果对调味没有信心，只需要简单地激活食材的味道。

激活食材的味道，重要的是掌握“刀工”和“火候”。

• 切的时候，重点是用心磨炼专注力、认真度（切块大小一致、厚度一致，统一为容易入口的大小）。

• 火候，要锻炼对温度的敏感度（不仅是调整火的大小，还有何时关火、如何移动锅具、如何利用余热、怎样蒸等）。

• 加热时用小火慢慢加热，食材会变得柔软，用大火爆炒则更有嚼头。还不能熟练掌握的时候，可以用计时器计算时间以求火候稳定。

• 蒸、焯水很容易过犹不及，可以稍微早些关火以让余热发挥作用。㸆过头也有损食物的味道。

擅长烹饪的人都能“恰好”掌握加热火候。

“了解日式料理、西餐、中式烹饪的调味”

分别使用汤汁、调味料、香辛料，能将同一食材做出日式、西式、中式料理的味道。

专业人士可以打破种类的限制，将香辣料当调味料，创造出新的味道，家庭料理中模仿不出来也无可厚非。家庭料理的味道基础是简单柔和。

比如，将茄子切片后加盐，蒸半熟。

• 如将其做成日式料理，则使用野姜切末做佐料，加鲣鱼干和酱油。

• 如做中式料理，则使用葱姜和芝麻酱、酱油、砂糖，或者葱、姜、豆瓣酱、酱油。

• 如做意大利料理，则使用橄榄油、椒盐、罗勒，或者大蒜和凤尾鱼，或用热那亚汤汁调拌，等。

“做出浓郁、有特色风味的食物”

美味除甜、酸、咸、苦、鲜五味之外还有涩味、辣味。

• 做出美味食物的秘诀是释放出浓郁之味。

所谓浓郁，是指鲜味凝聚——鲜味中有深度、有广度。而且丰厚的味道被均匀地融入食材中。

• 若食物色泽诱人，并且形状优美，会令人食欲大增。

• 另外，咀嚼的感受和声音也是一种美味。

为了食物的整体味道香气四溢并具有风味，需要加入风味独特的食材。

比如面食的调味。为了让面更美味，可以利用肉和鱼的鲜味与蔬菜混合，做出整体具有味道浓郁、均匀、风味独特的食物。

蔬菜和面包粉、油等的融合可以令具有鲜味的汤汁和调味汁均匀地融合在一起。

还可通过加入绿紫苏、野姜、生姜、大蒜、香芹、罗勒等制作出具有特色风味的食物。

“从今天开始”

① 关于食物，要留意其营养价值和激活其美味的烹饪方法。

② 收集各种食物信息和配方的同时，要磨炼自己做拿手菜的技能。

③ 学习美食课堂的基础讲座。

④ 去一流饭店和日式饭店时，要学习新菜单、调味和搭配、摆盘方法等。

⑤ 食材买回来后，要尽早做预先处理，使之处于随时可立刻使用的状态。

⑥ 对于美食，最重要的是激活食材的味道。掌握切法和火候也很重要。

⑦ 了解日式料理、西餐和中式烹饪的调味基础。

日式料理、西餐、中式烹饪的调味品清单

和食	中华料理	意大利、法国料理
鲣鱼海带调味汁 煮小鱼干调味汁 干香菇和海带调味汁	鸡骨头汤	清汤 小牛高汤 焦糖洋葱番茄酱
砂糖　盐 醋　酱油 豆酱　料酒 日本酒　盐曲 芝麻　芝麻油	盐　酱油　果醋 绍兴酒　香油 芝麻酱　豆瓣酱 甜面酱　XO 酱 牡蛎汤　酒糟酱 *	砂糖　盐　西式醋 胡椒　辣椒　橄榄油 黄油　芥末　红酒 松露油　香醋
柚子　代代酸橙 酸橘　山椒 花椒芽　绿紫苏 野姜　芥末 辣椒　山葵 生姜	大蒜　辣椒　葱 生姜　干贝　干虾 芥末　山椒　花椒[1]	大蒜　罗勒　迷迭香 凤尾鱼　刺山柑 柠檬　色拉酱

* 用酒糟制作酒糟酱的方法是：酒糟 200g、水 200g、黑醋 75mL、黑砂糖 75g 加热混合。用作加热食物的调料。

1　山椒和花椒同属香辛料的一种，其根本区别是山椒原产自日本，花椒原产自中国。——译者注

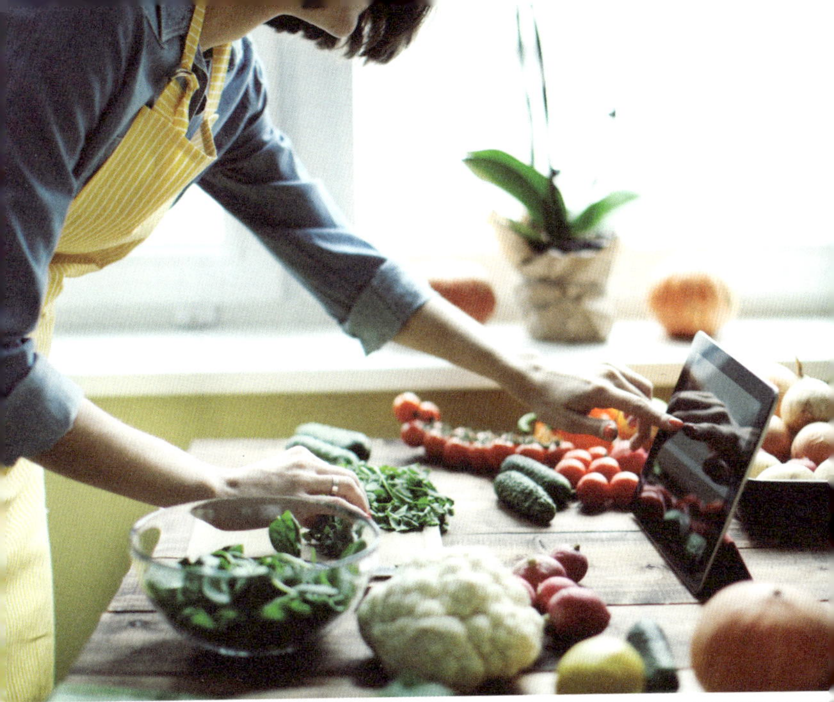

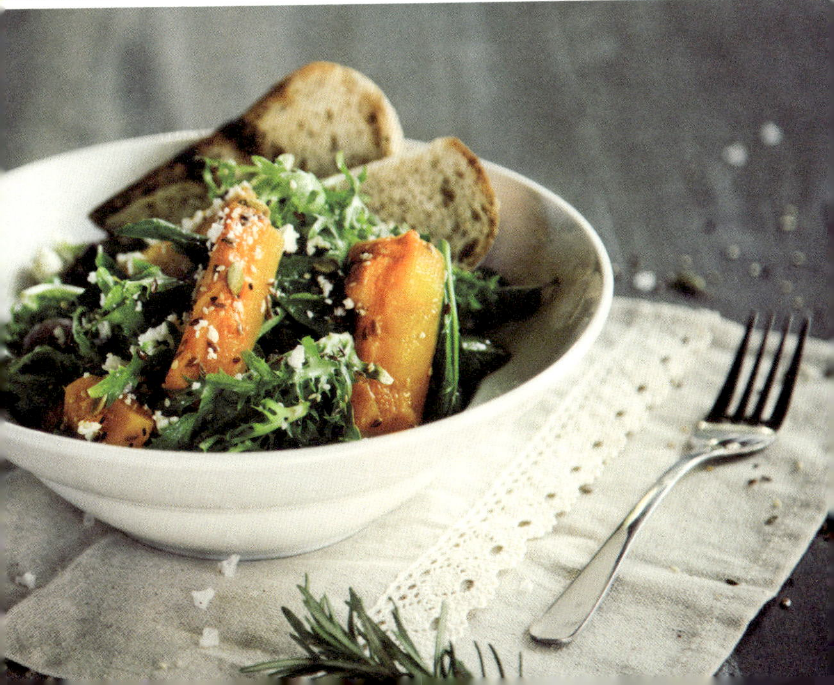

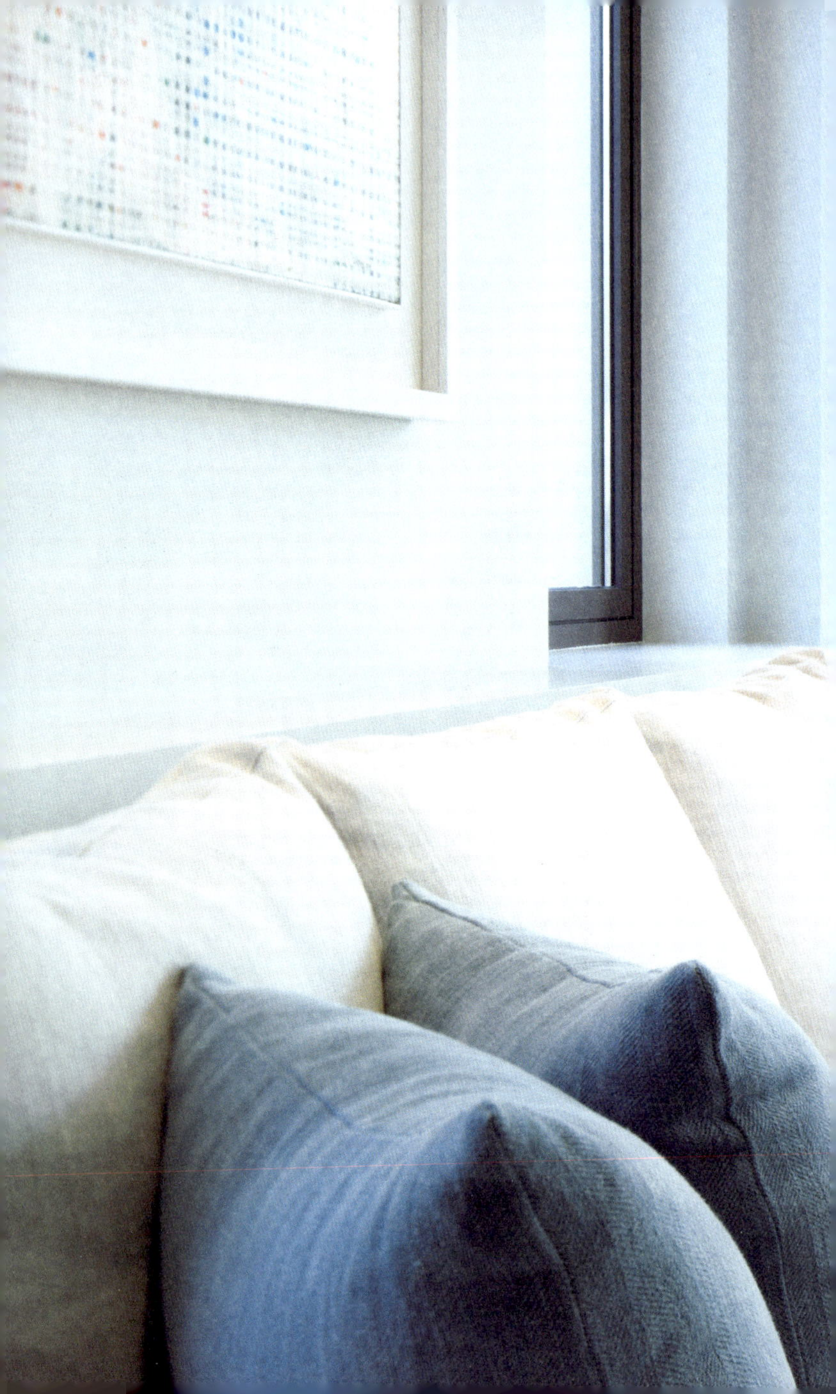

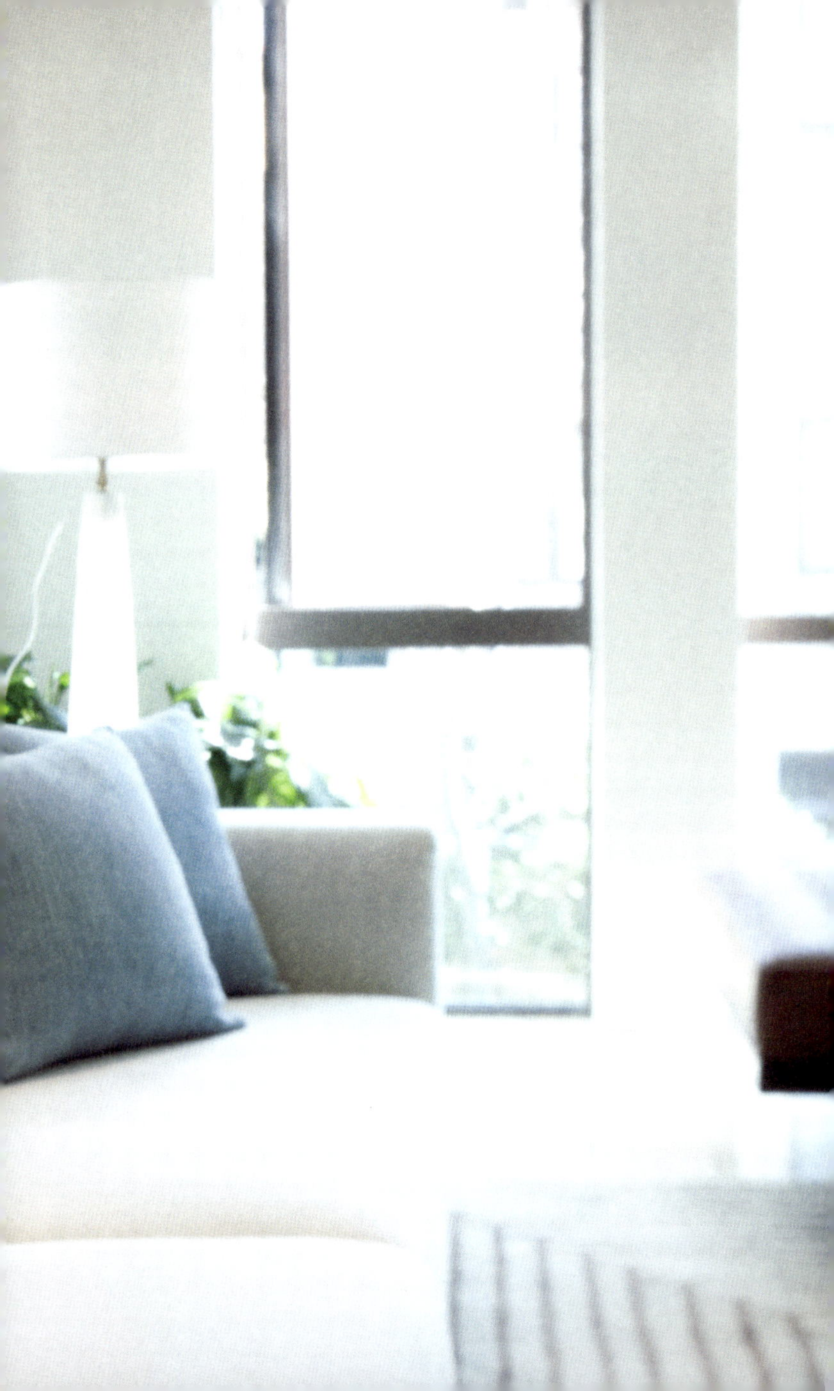

Rule 22

了解想表现的自我以及相匹配的颜色和款式

服装可以分为适合自己的款式、漂亮的款式、能表现自我特点的款式。

以能表现自我特点的款式为例，比如男式套装便于商务人士表现自我。虽是一般款式，但因其领型的特点，自然能表现出男人特有的魅力。

像这样，服装的款式能表现出穿衣人的个性、价值观和生活方式。

另一方面，颜色起到引人注目、烘托美丽、表达谨慎等作用。

比如，想引人注目的时候，要选择红色、黄色、橘色等吸引人目光的色彩，或选择绿色、蓝色等颜色鲜艳的服装；对比强烈时可用黑色和白色、黄色和紫色等。在人群中，相比款式，颜色更能引人注目。

若想给对方紧张感，则可以和从事严肃职业的男性一样，选择黑色和深蓝色等。相反，想给对方安全感的时候以及想获得安全感的时候，应该选择既适合自己又能使对方情绪稳定的柔和色彩以及中间色。

比如，给对方安全感的同时还想表现稳重，可以选择卡其色、茶色和浅灰色；想表现女性的温柔感时，粉色和浅蓝色更好。

那么，衣服的另一个要素——材质表达的是什么呢？材质和缝制工艺表达了穿衣人的阶级（社会地位和立场）。就算是对时尚不感兴趣的人，也希望能在材质方面选择符合自己立场和社会地位的衣服。

无论谁都想穿着适合自己的服饰，尽量展示出自己的美丽。但无论你是否有某种目的，衣着都会表现出你的立场、思考方式、重视的内容等。服装和行为举止、言语措辞、表情融为一体，表达着穿衣人的特点。

生活在现代社会的我们，拥有商务女性、妻子、母亲等多张面孔，不得不在各种场合登场亮相。可能一人要迅速扮演七种角色。无论哪一场合，人们都想表现自己的特色，让自己无须介绍便表达出“这就是我”。

检测要点

让女性看上去美丽的着装重点在于领型、袒胸礼服的效果和腰身。

领子从立领到无领，在微妙的变化中表现美。

袒胸礼服的领子有水手领、方领、V 领、露肩式等，而且同样的水手领、V 领，其开领深度和大小也有不同。找到适合自己的领型，在选择服装上会事半功倍。

喜好和流行应另当别论。露肩式领口的设计更能体现女性美。所以，相比箱型短上衣，露肩短上衣更能表现女性的美，其典型特点是在上衣的掐腰处加上装饰褶襞。设计师用荷叶边和喇叭状下摆，从腰部向下摆方向柔和地伸展。

上身较短的衣服更能保持整体着装的平衡美。迷你裙和裤子适合衣长长的上衣，但对于女性的身材比例，短上衣才是基础。

关于颜色，最重要的是先要冷静地分清喜欢的颜色和适合的颜色之间的差别。相比色相的差异，色调[1]的差异更重要。即使同为红色，既有带黄色的深红色，也有带粉色的红色。海军蓝也分为带紫色的蓝色、接近青色的蓝色、接近黑色的蓝色等各种各样的颜色，有的适合，有的可能不适合。

下一页中介绍了一般的个人颜色分类，但适合哪个色调

1　色相和色调：色相相当于人的外貌，色调相当于人的气质。——译者注

系列，需要根据肤色、发色等特征来决定，可以将这一颜色靠近皮肤来判断能否令皮肤看上去更美。

这时，注意不要被款式和氛围所吸引而忽略了颜色的不适合。

“从今天开始”

① 了解服装的款式、颜色、材质表达的内容，重新审视自己的服装款式、颜色、材质是否符合自己想表达的内容。

② 了解你的服装中你认为最适合自己的领型和袒胸礼服。

③ 区分喜欢的颜色和适合的颜色之间的差别，了解适合自己的色调。

④ 试穿一下腰身具有设计感的短上衣。

● 个人颜色的特征

春	夏	秋	冬
黄色调系列	蓝色调系列	黄色调系列	蓝色调系列
亮度高（明亮）	亮度高（明亮）	亮度低（暗淡）	亮度低（浓）（暗）
彩度低（温和）	彩度高（艳丽）	彩度低（深）	彩度高（强烈）
稳定的浅色调	清爽明亮的颜色 朝气蓬勃的颜色	朴素的柔和的颜色	原色鲜明的对比

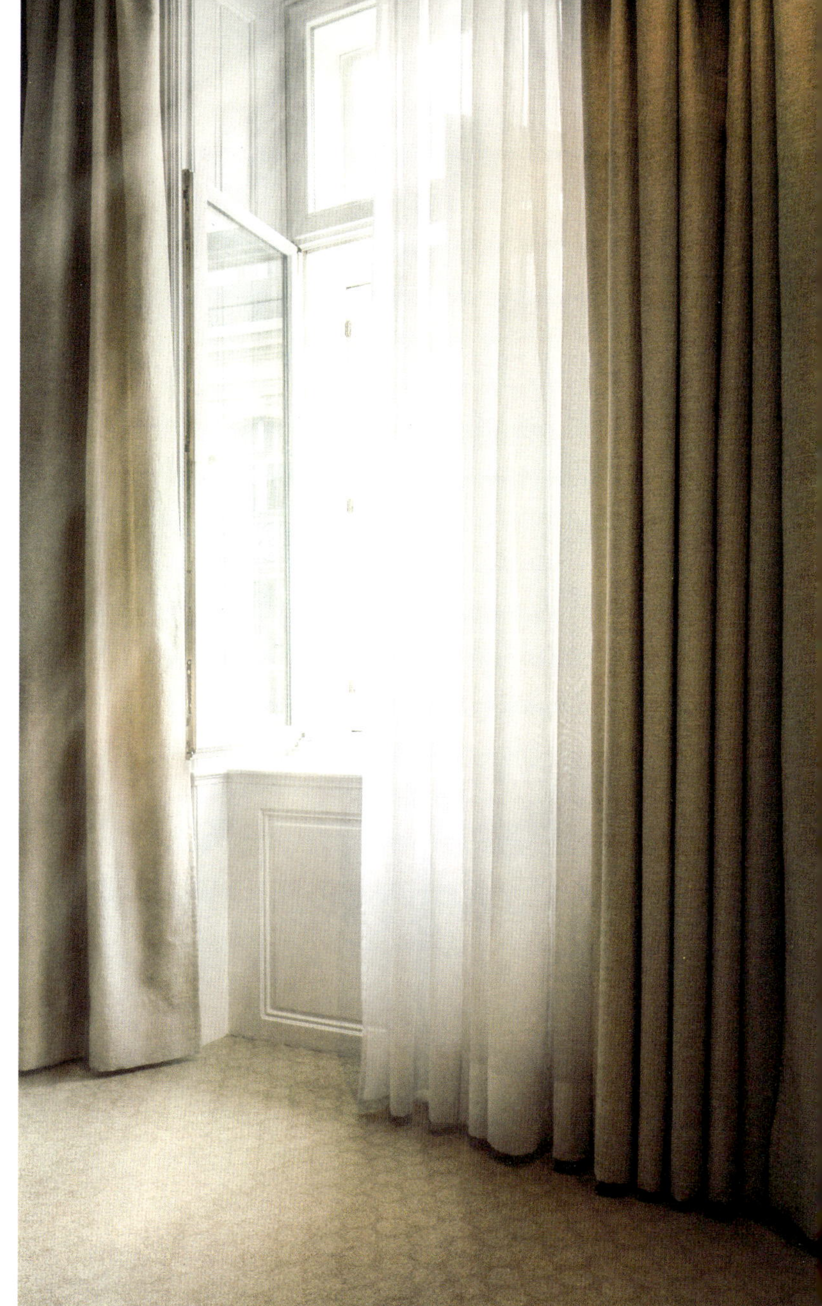

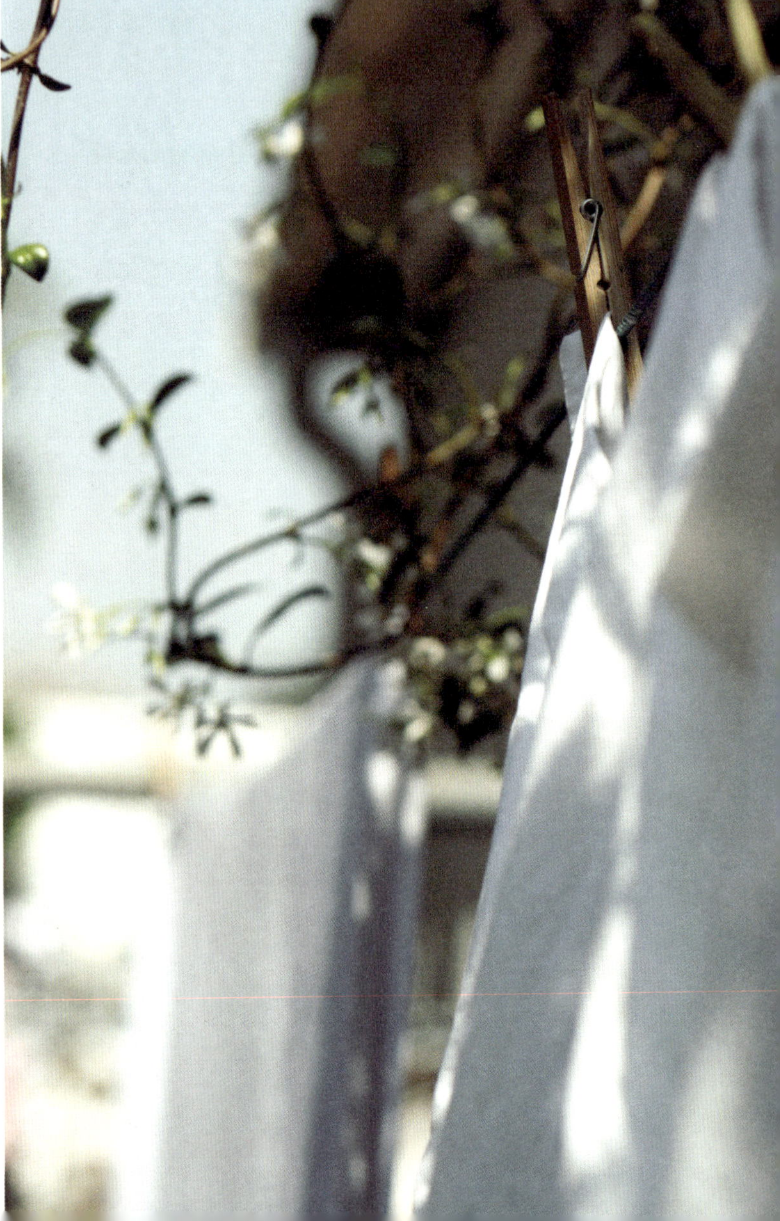

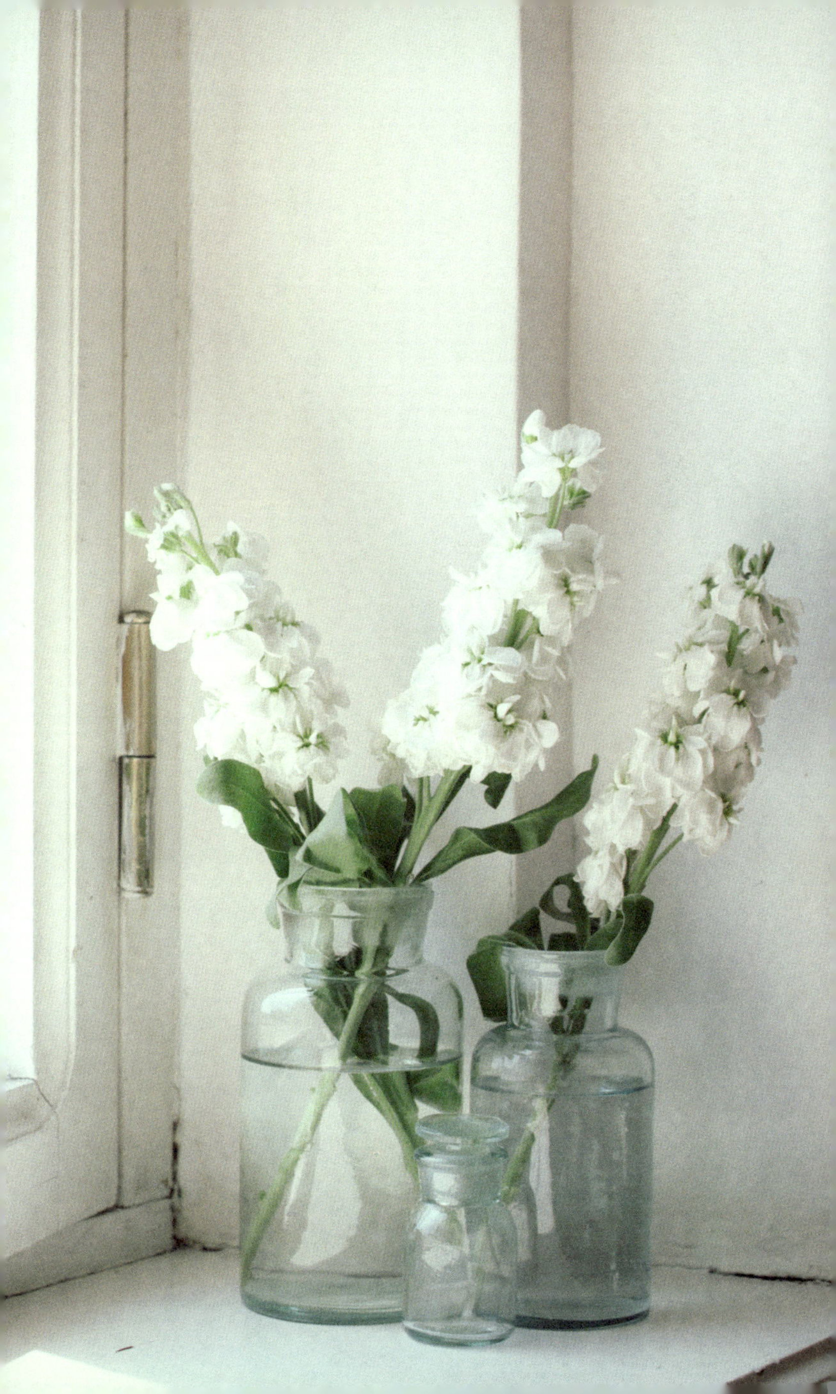

Rule 23
以“清美”为目标

说到“清美”这个词，可能有人会想起古文教科书。

清美是美丽的最高级表达。

用“清美”一词表达美，能看出日本人的清洁感。在现代语中也是以clean（清洁）和beautiful（美）为基础，通过“漂亮干净”这样的语言来表达。

在日本湿度高的气候中，用心保持清洁是保持生活美好的基础。清洁身体、净化精神，无论什么时候，保持日常生活的安乐是非常重要的。

家居，无论是自有住房还是租住住房，最重要的是用心保持家居环境清洁。因为家居的清洁和身心健康息息相关。家居环境清洁，心情就会愉快，自然就会希望其他的活动范围内也如此清洁。

只要稍微提醒家人注意家居环境的整洁，大多数人都会谨记在心，家居的公共场合也会保持干净整洁。

关于衣服，清洁感要先于时尚感，所以一定要穿认真清洗干净的衣服。而且，希望大家能穿出更高级的清洁感。

比如，套装和短上衣里面，以编织品和T衬衫作内搭，易于活动，穿着方便，但如果要穿出清洁感，最好搭配面料上浆、没有褶皱的白色纯棉连衣裙。脱去上衣，露出白色连衣裙就会魅力四射。

但是，因为袖口易脏，所以工作装最好选择半袖或者无袖的，穿长袖的时候，工作时要卷起袖子。

清秀、简朴、无斑点的白色是清洁感的基础颜色。黑色和深色，尤其是看起来厚实和粘毛的材质，因为容易显灰尘所以需要格外注意清洁。

灰尘会大大损伤清洁感，经常用刷子刷毛能发挥重要的作用。

检测要点

专业人士说，食物美味的饭店其后厨必然是清洁而美丽的。美食的制作步骤很重要，但后期整理也必须完美。只有干净、经过磨炼的美丽厨房才能做出美味的食物。

但是，和配有洗盘子等专职人员的饭店不同，一般家庭都是一个人完成切菜到装盘的整个过程，沉迷于食物制作过程中，做完之后已经非常疲惫，最后往往只想简单打扫一下厨房。

然而，聪明的、擅长烹饪的人会一边制作美食一边打扫厨房，美食制作完毕的时候厨房也打扫干净了。看到干净整洁的厨房和美味的食物，便会心情愉悦。

事先模拟制作美食的步骤就可以轻松保持厨房清洁。

因为每天都会使用厨房，一旦使用过后厨房变得不够干净整洁，最好不要让污垢留到第二天。把物品放在外面，下次使用可能会方便，却会成为污垢的来源。用完后立刻整理好，是保持厨房清洁的基础。

因此，预留一处收纳空间，即储藏室是合理的配置。厨房的操作空间只留下洗碗槽、炉灶、操作台面，其他工具全部用流动车运到储藏室。实际上，这个方法也适用于小型住宅。

如果以上方法不好操作，也可以想办法不在操作空间放置电器和烹饪工具、调味料等。

洗碗槽、炉灶需认真擦洗，如果厨房中的所有锅都闪闪发光，就能成为令人骄傲的厨房。干净，关系到食物的安全。每天食用美味、安心的食品，生活才会越来越美好。

水的干净度也非常重要。所以，必须安装净水器。好水不仅饮用安全，也能唤醒食材的味道，令食物更加美味。特别是蔬菜含有大量水分，加工时也会吸收水分，所以也可以说水是食材的一部分。

“从今天开始”

① 事先在脑海中模拟烹饪步骤，准备好需要的各种物品再开始烹饪。

② 一边制作美食一边整理厨房。

③ 厨房的污垢不要留到第二天。

④ 厨房的操作空间上不要放置工具、调味料等，每次用完都要收回。

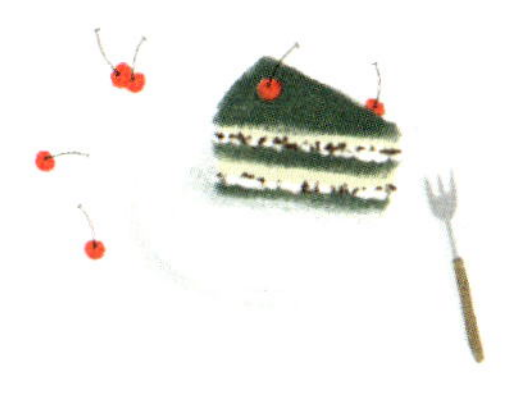

Step 3

极致 *Perfection*

Rule 24

只使用美的物品

告别了方便优先，摆脱了执着地收集齐每一样商品，重回冷静后下一个标准是什么?

那就是希望大家能更强烈地意识到美不美。

自古以来，日本人使用的工具、衣服、家居的所有物品都是美丽的。朴素的、日常的、豪华的……每一种物品都具有与其用途相符的功能、技术，都会发展到极致、美出高度。

可以说是日本人的感觉和合理生活方式的日积月累形成了“用之美”的理念。将使用方便和美观融为一体。

现代可量产的材质和制作方法简单且成本低廉的物品，即使做成与古代物品相似的形状、用于同样的用途，也完全变成了另一种东西。虽然现代物品更加方便，但其时尚和美根本达不到古代物品的水平。

即使仅以可长期持有、便宜等为标准来选择物品，也需要考虑美观。注意竹笊篱和塑料、不锈钢笊篱之间的区别，竹制的笊篱需要花时间控水，但其他材质就不需要花费这个工夫。所以，不同材质的使用方法、操作方法也不同。

如上，我们日常生活中使用的物品都发生了很大的变化。但我们从中失去的是美的意识。

我并不是说要用以前的生活用品，只是觉得应该将我们这个时代的日常用品做得更美。这是找回我们美感的唯一方法。

无论是旧物品还是新物品，都要努力选择符合美感的物品。这是最初也是最终的方法。

如果大家都宣称不使用不美的物品，你拥有的物品中无用的东西会越来越少，市场上无用的东西也会逐渐减少。

检测要点

能维持美丽家居的人，都是具有美的意识和见识丰富的人。

无论住的是小公寓还是大别墅标准都相同。

无论职业和境遇如何，标准也相同。唯一的区别是是否关心美。

说到这里，可能有人会说“这是有钱人才能做的事情”“房间太小做不了”这样的话，但是否具有美的意识和钱毫无关系，而只与是否意识到美的物品、美的事情有关。

如果空间狭小，只需要减少物品数量。物品的美和高级与数量多少无关。

现在，世界上盛行并倡导减少物品的极简生活，关于如何丢掉无用物品的书充斥着街头巷尾，但如果美的意识提高了，遮蔽视线的障碍就会消失，无用的物品就会受到排斥。

即便如此，没用的物品依然没有消失，大概是因为部分人的执着产生的恶劣影响。提高了审美的意识，邂逅美物的喜悦应该也能消除对无用物品的执着。

只置办美物，是指即使对于一把椅子、一个照明器具、一个时钟、一把电动牙刷也不能做任何妥协，必须只使用具有美感的物品。这就是现在的“用之美”，并非只是美的装饰品和收藏品类。

根据美的意识选择的收藏品，在空间允许的情况下还好，但在小型住宅里大多会成为累赘。

收藏行为原本就是一个被某物吸引的过程，目标是终结对收集的执着（职业收藏家除外）。

美的意识越高，越能注意到物品和空间融为一体后产生的美和从中获得的安宁，越能注意到美能消除疲劳、赋予内心悠闲。

我们的目标不是什么都不要，也不是为了获得什么样的社会地位，而是为了拥有恰当的、应该拥有的物品，这才是我们想要的美的意识。

“从今天开始”

① 观察周围的物品来了解自己的美的意识。

② 以美为标准进行选择。

③ 首先从厨房、起居室开始丢弃无用的、不美的物品。

④ 即使是你觉得美的收藏品，也不能全部拿出来，而是要恰当搭配。

Rule 25
只穿符合自己审美的衣服

在服装选择上，难免会有所妥协，如果一旦确定想选择适合自己的服装，就要严格地挑选、决不妥协，更不给自己找借口。

希望大家能将“美”放在首要位置。选择服装的根本目的自然是令自己看上去更美。所以即使适合，

美依然是选择的第一标准。

改变着装比改变家居环境更容易尝试、更容易提升感觉或者更易于实现自我表现和自我满足。从改变着装开始，学会用美物装点每一天。

每个人都应该珍视能充分超越自己美感标准的物品和令自己感动的物品。因为妥协或者便宜而被吸引购买的物品，结果只会对其厌倦。

好像有的书里写到扔掉一年以上没穿过的衣服，但真正喜欢的衣服却无法这么简单地丢掉，也没必要丢掉。每一件衣物都能够进行其他的搭配。

如果要整理衣橱，应该处理掉的是并不美但因为便宜和易于穿着、价格昂贵等理由购买的衣服。感觉美的衣服绝不能丢掉，并只购买这一类衣服。

看到街上到处都是时尚用品，但根本不可能有任何一种衣服能满足所有条件：款式、颜色、材质、搭配都符合穿着场合的要求，符合预算、有完全适合自己的尺码，而且符合自己的审美。如果能认真地思考这几点，再增添衣服时便会慎重考虑，不会买无用的衣物。

常常穿和自己的美的意识、美感相符的衣服就不会有无用的服装。

如果不是因为美，只是因为“穿上会开心”“好像实用又方便”，是无法培养美感的。

检测要点

为了提高对服装的美的意识，投入预算、通过实际操作去寻找对衣服的感觉，随着失败次数的增加，渐渐就会失望，最终将毫无收获。

那么，该怎么做呢?

首先，平日里不要对服装视而不见。通过杂志、网络浏览时尚信息的时候，浏览商店橱窗的时候，要注意衣服的领子、袖子、裙子的长度或者裤子的肥瘦等款式和材质以及颜色的搭配。

而且，要注意看粉色和橘色、紫色和黄绿色等新鲜的颜色组合以及小物件的有趣搭配。另外，可用自己手里的衣服和小物件尝试搭配。

如果瞬间被衣服的款式和颜色吸引，也要冷静地用美的意识严格地确认:

- 确认材质。是否是上乘品质，是否容易保养
- 有没有完全适合自己的尺码

• 价格是否符合预算

• 自己生活中是否有场合穿这件衣服

• 是否原本就适合自己

希望大家能拥有这样的强烈意识。通过这样的积累，就能磨炼美的意识、提高美感。

对美的意识充满自信的人可能会手工改装自己的衣服而使衣服更具有艺术感。

和过去相比，现在我们能用非常便宜的价格购买各式各样的衣服。在成品衣服如此丰富的现代社会，希望大家能再次关注手工制品的价值。高级品牌的衣服中出现了手工刺绣、手工编织、贴花等工艺，其价格也高得令人瞠目。

巴黎的高级时装店之所以受到关注，是因为设计师的艺术表现出自由，购买的人和不购买的人都能通过观赏具有艺术感的作品而获得极大的满足感。

“从今天开始”

① 只留下认为美的衣服。

② 只购买认为美且材质、尺码、价格、保养方面都能接受的衣服。

③ 对美感有自信的人，可以自己动手改装来享受具有艺术感的时尚。

Rule 26
认识真品

“真品 = 上乘品 = 高价货”这一公式是成立的。

一般来说，真品确实高价。因为是品质上乘、经过特殊手工工艺的原创作品。

但是，反过来就不一定了。高价货不一定品质上乘，而且也不一定是真品。即使穿了高价货用了高价货，不一定会美也不一定会心情愉悦，如果要追求美和心情愉悦，就必须穿品质上乘的真品。

想认识真品，就需要磨炼五感，达到最高境界。因此，要给自己创造能带来良好影响的环境。

视觉上，多接触美丽大自然、优秀的美术作品；听觉上，聆听优秀的音乐；触觉上，触摸优良的材质；嗅觉上，有意识地享受花香、食物的香味等；味觉上，品尝应季的美味料理。

而且，只有每天使用好东西才是掌握真品的捷径。一定要改掉上等品质的物品只待客用而平日不用的习惯，特别是银器和漆器为尊的餐具等。改变这一习惯，真品才不会离我们而去。

对于真品虽然有容易损坏、不好保养等顾虑，但收起不用既无法令日常生活变美，也无法认识真品。

其中，纯银的银器比不锈钢的刀叉餐具保存、使用的时间更长，也更美观。用铝箔和盐水一起煮沸，银器会变得闪亮，可传至几代人使用。

既将少量的真品用于待客也用于日常生活，只有在生活中充分使用才不会浪费。这样才会自然而然地培养起美的意识。

“认识真品，会使眼光和现实生活之间的差距越来越大，反而会带来不幸”，这种想法不过是杞人忧天罢了。日常生活变美，人也会心情愉悦，不仅能减少在便宜货和假货上浪费金钱，从长远来看，一点点购买少量的、能长期使用的真品反而更经济实惠。而且，更令人高兴的是，会在不知不觉间磨炼自己的感性、提高美感。

检测要点

选择真品的服装时，首先从了解材质的优劣开始。由于现代的天然材质和过去的天然材质相比品质差了很多，花费大量时间只能制作出少量上乘品，物以稀为贵，自然价格昂贵，流通过程中，品质上乘的天然材质的衣服不是谁都能买到的。

面料的好坏由肌肤的触感决定，用手触摸就能了解面料的好坏是女性特有的感觉。

首先，通过自身的感觉找到肌肤可接受的触感。

通过触摸品质上乘的羊毛织物，可了解真品的皮肤触感。六个月之前的克什米尔山羊羊羔毛制作而成的羊羔毛织物品质最好：羊毛纤细、柔软，具有光泽，细腻柔滑；织品薄而温暖。

品质在此之上的是小羊驼（生长于安第斯山脉，骆驼类驼羊属）毛织物，被称为“神之纤维”，拥有最好的皮肤触感。因为价格非常昂贵，所以我并不想推荐给每一个人，但如果有机会接触到，请一定好好感受一下它的触感。

其次是花色。这是由个人喜好决定的，但花色也能表现材质的好坏。品质好的面料，制作方也会用心研究适合其优良品质的花色后再进行加工。

最后是缝纫（做工）。手工部分的多少也反映了服装的品质。面料的使用技巧、完美的缝制工艺等都是美丽款式必不可少的因素。

确定了适合自己的款式后，通过少量的可长期穿着的真品就能满足日常需要。如果确定了“这”就是自己的颜色、花色、款式，只要着眼于面料的品质和做工即可。

“从今天开始”

① 将少量的真品既用于待客也用于日常生活，例如餐具与刀叉。

② 接触美丽的大自然、优秀的美术作品、优美的音乐等，磨炼五感。

③ 选择衣服时，根据其材质、皮肤触感、花色、做工加以选择。

④ 选择手工制作部分多的衣服。

⑤ 与其大量购买便宜货或者年年买，倒不如一点点少量购买真品。

Rule 27
享用仿品

认识了真品，还要认识仿品。而且，偶尔也要灵活使用仿品。为了在日常生活中充分展现美，自古就有利用仿品、错觉等的巧妙搭配的技术，有时这些搭配所展现出来的价值比真品更高。

比如，为不买真品珠宝饰品的人，或者真品放在金库中的有钱人而制作的人造珠宝被香奈儿运用到了极致。不是为了看上去多像真品，而是展现了真品珠宝饰品所无法展现的美，令拥有大量真品珠宝饰品的富裕阶层顾客为之神往。

另外，代替貂皮等真品皮革和鳄鱼皮等的仿毛皮和牛皮产品越来越多，但如果从保护动物的角度来看，仿品在技术上、设计上都更有意义。这时，它并不是真品的替代品，而是只有仿品才能展现出的特有的美。

关于家居，木制复合地板贴上木纹纸，看上去比真品更美、更具有木头的特质。

庭院设计中会用到塑料竹子（塑料制品）。真竹子会随着时间而发生变化，但塑料竹子稍微粘上污垢看上去就跟真竹子一样，而且无论何时都不会发生变化。

即使在胶合板上贴了木制薄片和木纹看上去也不像无垢材质，但它并不具备无垢材质反拱和易裂的缺点，这一优势可以应用到适合的地方。

现在，有很多仿品都像这样比真品更优秀。

在生活中享用仿品也可称为只有磨炼美感、了解真品的人才能玩味的奢侈。

检测要点

佛教素食（精进料理[1]）将仿品做到了艺术的高度。

佛教素食也被称为“模仿料理”，如其名所示，为了让不能食用动物性食材的僧侣们品尝肉类的美味，便用其他食材来做出这个味道。用香菇等真菌类制作出高级食材鲍鱼的味道，用豆腐和面筋做出肉的味道……

最近，有的寺庙中的年轻僧侣开始用豆酱代替奶酪、在

1 精进料理：在日本，佛教素食称为“精进料理”。日本的佛教素食主要分两派：一为日式，仍称“精进料理”；另一为中国式，称为“普茶料理”。——译者注

豆浆里加上芋头做成日式奶油炖菜和意大利面酱汁等，将佛教素食的思考方式应用到西式料理中。

据说炸豆腐丸子（将豆腐、山药、牛蒡、香菇、海带、胡萝卜、银杏等混合捏圆再油炸）原本被称作“雁丸”，也就是说做出的味道类似大雁肉。

中国式的“普茶料理”也是随着禅宗（黄檗宗[1]）一起被普及的“模仿料理”。胡麻豆腐是模仿白肉鱼的生鱼片，用胡麻油炒、炸，原本就是为了让模仿料理更加美味。

现在，螃蟹风味鱼糕据说在全世界都很受欢迎，但身为仿制食品之所以能推广到全世界正是因为有和螃蟹不同的食物被食用者接纳。

1 黄檗宗：和曹洞宗、临济宗并称的日本三禅宗之一，本山为黄檗山万福寺。——译者注据说，日本从平安时代开始就已经制作并食用鱼肉酱了，所以能做出鱼糕并不令人意外。鱼糕是将狭鳕的冷冻肉糜快速解冻再冷冻后制作而成。这样一来，就变成了螃蟹腿肉一样的纤维。最后加上螃蟹的香气和味道（螃蟹提取物），所以也被称作和模仿料理不同的新奇食品。

新奇食品确实具有其魅力和美味，相比工业产品，还是希望大家能在自己家里制作“模仿料理”。

“从今天开始”

① 享用服装珠宝。

② 试着将精进料理作为模仿料理加以品尝，并尝试自己制作。

③ 不要判断其是真品还是仿品，而要判断其外观美不美、味道是不是美味。

Rule 28
过高品质的日常生活

我们在日常生活中思考、行动，形成了自己的习惯和风格，所以无论如何擅长伪装，当突然发生某件事情的时候，也会表现出平日里的行为方式、语调、态度、表情等。但是，内心和外在落差小的人就不会有很大差别。

日常生活创造人的品性，磨炼人的感性。一个人的素颜和本质都在“日常”中体现。

所以，希望大家重视高品质的日常生活。

具体来说就是平时要食用高品质的食物，享用高品质的物品。因为生活行为、言谈举止也和衣食住行融为一体。

量产商品中也有高品质的东西，但价格高昂的物品更有可能是高端物品。可是，相比看上去透露着高级感的物品，实际上看着简朴的才是高端物品。日本人自古以来就喜欢这样的物品。

日常生活中用的高品质物品不仅指材质和做工品质好，还需要用途广泛、通过熟练使用可以用作其他物品的有价值的物品。而且，高级物品使用时间更长，所以“不会令人生厌”是最基本的条件。

比如烹饪，首先要有高品质的菜刀、蒸食器和煎锅。

说到家居，即便什么也没有，也不能缺少高品质的家纺用品。

毛巾和床单等家中使用的纺织品看上去是配角，却能表现出日常家居生活的质量，也象征着生活的丰富性。高品质的毛巾不仅能令使用场合更有光彩，还能磨炼使用者的触觉，给予人安宁感。

生活行为和家居是一个整体，所以要提高的不只是家居的质量。

人是极容易被环境左右的动物。为什么需要高品质的家居？这是因为家居空间是培育人的环境，特别是起到了培养人感性的作用。

如果家居空间品质高，生活行为的品质也会提高。也就是说，举止行为、生活习惯、社交、言辞、着装等的品质都会提高，心情也会更加愉悦。

检测要点

美味的食物是用高品质的菜刀制作而成的。但是，手艺不专业的话，只菜刀专业制作结果也不尽相同了。美味程度和手艺成正比，这一点和运动器材专业但使用运动器材的人各有不同的道理是一样的。

今后再选择蒸食器的时候，希望大家能选择高品质的。使用现有的蒸食器时，主要是娴熟地使用其蒸食功能。蒸这一烹调方法，使蔬菜和肉、鱼的营养不易流失，食物的色彩也更加艳丽，高级饭店中也经常使用这种能激活食材本来味道的烹饪方法。

如 121 页中列举的那样，根据调味不同，我们可以享用到日式、西式、中式各种料理。

煎锅也要选择高品质的。只要制作过程中不失败，就能不浪费高品质食材而制作出各种美味。

为了制作简单的食物，需要拥有少量的高品质工具，经常使用、熟练使用。不仅仅是厨房用具，日常用品如果多加注意也能长期使用。任何物品经年变化，多少会有所损伤，只要损伤程度看得过去，而且是自己非常喜欢的物品，也可以继续使用。当然，经常保养也是长期使用的秘诀。

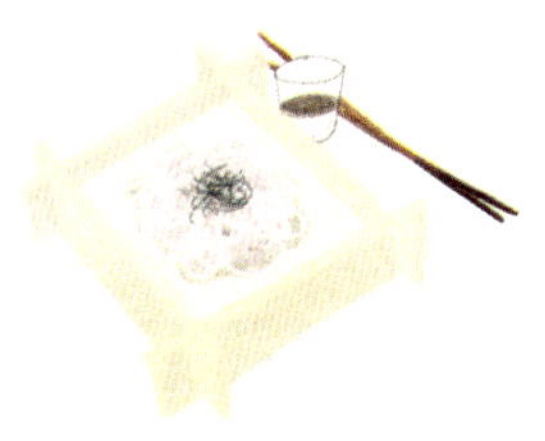

用高品质的工具制作的食物也必然是高品质的。但不一定必须使用珍味和高级食材，也可以使用虽然普通但安全放心的肉和鱼以及蔬菜等品质可接受的食材来简单地制作美味食品。这就是高品质的日常生活。

也就是说，就算是高级品牌的食材，只有不使用微波炉加热的加工食品和成品色拉调料的才是高品质食物。

即使不是特别的纪念日和不需要待客的日常生活，也要使用高品质的餐具、银器等。不仅仅在一年仅有的几次特殊日子里，每天都要过得开心、美丽，人生才会更加丰富多彩。

除了餐具，还要留心餐桌的桌布、花和烛台，这样做会使家庭的日常食物保持高品质。不仅如此，如果每天都在精心配置各种物品，自然而然地就会培养出美感，在特别的日子里，待客的餐桌才会更美，自己搭配装饰品的手法也会越来越精湛。

下面，我们来谈一下能让居住空间实现高品质的家纺用品。

据说，曾经西欧有身份的家庭中女性出嫁时会准备有姓名首字母标志的、足够用一辈子的家纺用品。带有标志和姓名首字母的家纺用品会经过修补一代一代地传承下去，视为瑰宝。

在日本，可用于任何物品的白色面料制作的单件和服也是如此。

家纺用品（家人用纺织品、桌子用纺织品）是指毛巾、床单、厨房纺织品、桌布、餐巾等。

• 床单、被套、枕套

• 桌布、餐巾

- 抹布、厨房毛巾
- 面巾、洗澡用毛巾、浴巾、擦手毛巾、浴垫、浴衣

材质主要选择亚麻和棉。

亚麻的吸水性、透气性都很好，容易清洗污垢，是洗涤性较强的材质，越用越柔软。擦玻璃时不掉毛的爱尔兰亚麻属于高级品。

棉中的埃及棉和海岛棉具有蚕丝一般的光泽、羊毛一样的皮肤触感。只要是自己的触觉能接受的物品，是不是高级品并不重要。

以前颜色为白色的、带有姓名首字母的纺织品被认为是高品质的物品。现在，通过漂白等方法很容易对白色进行保养。如果无论如何都想选择染色品，希望大家以清洁感、清爽

为第一条件，加上白色最多选三个颜色。

即使不需要加上姓名首字母，毛巾类的也需要家人每人一条分开使用，并每天清洗。

“从今天开始”

① 通过提高居住空间的品质，日常生活行为的品质也会变得优良。

② 制作美食的工具，首先要准备高品质的菜刀、蒸食器以及煎锅。

③ 为了使家居保持高品质，家纺类要选用白色的高品质物品。

④ 不选高级食材，而选高品质食材，用高品质的调味料亲自加工。

⑤ 平日里也要使用待客用的餐具、桌布和花来打造高品质的餐桌。

Rule 29
提升日常服饰的档次

真正能展现自己的美丽和了解奢侈本质的人，能表现他们能力的衣服不是外出服和所谓的一决胜负的衣服，而是日常服装。就像日常言谈举止才是根本所在，日常服装是服装的根本。

日常服装搭配中，会经常穿同一件衣服。所以，就要求日常服装易活动、易穿着、有型、旧了也能保持其质量。这样看来，从某种意义上来说，日常服装的质量需要高于外出服。

但是，日常衣着达到的效果不同，会给不同人的生活模式或者不同的生活行为带来不同的影响。有时工作装和日常服装相同，有时可直接穿着日常服装外出，就算是外出服，也会根据外出场合不同来更换。

另外，虽说是同样的日常服装，迎接客人时的日常服装和做家务以及庭院劳作等的日常服装自然不同。

如果是易于活动的款式、材质优良的日常服装，待客时加上首饰和小物件、套上一件短上衣，即使对方穿着拜访礼服来访，自己也不会失礼。

以毛衣为代表的编织类服装，容易活动，是最合适的日常服装之一。在现代，漂亮着装和外出服中，穿编织类衣服也不会被认为过于随意，所以如果配上首饰能提高魅力的话，那就这样当作外出服吧。

将易于活动的日常服装简单变换就能成为带给人快乐的搭配，总令人感到不安。日常服装往往会选择简单、不易脏、宽松并令人放松的款式。但大家不要忘了，宽松的款式是在可自由活动的必然基础上产生的，而不是为了让身体松懈。提升日常服装的档次是为了过高品质的日常生活，而不是为了简单不简单。

检测要点

如果日常服装能再上一个台阶，在拥有漂亮的外出服之外，生活行为也会更加协调、心情更好，利于达到最佳的精神状态。

高品质日常服装的要点是：易于活动、易于搭配且富有美感。

到附近购物的时候，即使在高品质日常服装外简单地套上上衣，遇见熟人也不会失礼，非常易于搭配。

无论是浏览橱窗还是外出简单购物时，不仅要关心去什么类型的店，还要考虑可能偶然碰到某些认识的人，所以即使穿日常服装，也要穿着高品质的衣服外出才能安心。

穿着旧外出服当日常服装的时候，希望大家注意服饰搭配。无论衣服的质量多好，也要避免毫无顾忌地胡乱搭配。服装搭配反映了穿衣人的内心。

日常服装当然也需要适当的美。

认为放松时穿的衣服就应该让身体放松、愉悦并没有错，但不如通过美和适合打造出更加轻松的感觉。

一般来说，宽松款式的衣服令人感到轻松，却不一定美。无论是胖还是瘦，所谓美指的是能完美展现身形。

适合自己身材的衣服会根据体形的变化而改变形状，但过于宽松的衣服则会因为行走而变形。相比体形，身体的动作美更能决定衣服的美。

“从今天开始”

① 要执着地追求易于活动、穿着心情好、可长期穿着的高品质日常服装。

② 即使是穿着日常服装，也要做好常常遇到熟人的准备。

③ 不要因为放松这样的理由就懈怠，要追求身体的姿态之美。

④ 相比放松的服饰，更应该选择美而适合、易于活动的衣服做日常服装。

⑤ 美而适合的衣服更能令人感到放松。

Rule 30
了解真品的奢侈

说到奢侈，眼前就会浮现出高级品牌的家具、时尚用品、手表、贵金属、高级饭店和豪华酒店、著名的旅馆、游轮旅行和飞机头等舱等，但这些不仅仅是价格昂贵的“奢侈品”。人们往往认为有钱才能奢侈，但真品的奢侈不是光有钱就能得到的。

什么是奢侈呢？无论现在还是过去，奢侈都是指对时间的花费。

在没有自行车、洗衣机、剪草机、大量生产的高级成衣的时代，只有在家里和外面都需要用人帮忙做身边必要的事情的部分掌权者和富豪才会拥有奢侈。但是，曾经他们所接受的大部分便利，现在通过科学技术，几乎任何人都可以轻松获得。

现在的奢侈是指抛开这种便利，自己花时间做生活上的事情指时间上的富裕和生活技能。

磨炼自己的技能、创造生活的奢侈吧。时间奢侈完全由自己决定，充实内心生活也是和金钱毫无关系的奢侈。

“虽然对时尚不感兴趣，但对食物却充满了奢侈的渴望”，这句话的实际意思和使用高级食材、从高级饭店获取食物之间可能有些不同。

饮食的奢侈是指美味的手工食品。为了制作美味，不惜花费时间。如果将市场上销售的高级饭店的汤汁加热后倒入容器中，虽然会节约时间，但这种做法违背了奢侈的意义。

家居也是如此。奢侈的家居和豪宅是两个不同的范畴。家居中最高的奢侈是指能够感受自然。

从修行者的庵堂到掌权者的宅邸，日本的房屋一直处于与自然的和谐之中。由于现代化设备便利，古代严寒酷暑的环境和现代相比苛刻至极，掌权者可以雇用人手使自己过得更舒服，平民只能以忍耐的精神生活着。即使如此，可能也比现在过得快乐。

现在，利用家居设备使生活舒适只是改善了居住环境的恶劣，比如高品质的空调设备，与其说是奢侈倒不如说是生活必需品。

检测要点

列举几个与食和住相关的奢侈。

• 从高汤、西式汤、清汤到色拉调料全部手工制作。不用罐头装玉米汤也不用瓶装玉米汤，将玉米用水煮、过滤，手工制作，这是优雅的、最高级的美味，也非常奢侈。

• 食材中用到珍味和高级品也可以说是奢侈，但花时间用普通但对身体好的食材制作美味才是极致的奢侈。

• 使用刚刚采摘的蔬菜，采用能激活食材优势的加工方法，制作出只属于这种蔬菜的美味也是奢侈。

• 悠闲地品味美味早餐也是赋予自己的奢侈。

• 委托别人来打扫卫生，即使家居变得整洁干净但自己并不会感觉环境变美了。假如不拜托专业人士来打扫，而是住在房子里的人来整理、擦拭，通过这个过程，能亲身感受家居变美这一奢侈。

• 冬天，调高供暖温度像过夏天一样也不能称之为奢侈。

打开窗户感受空气的自然状态，如果能感受到随风飘浮的梅花香气、金桂的香气或者雨水湿漉漉的气息，那才是奢侈。

• 家居中存在注意不到的臭味。不要用消臭剂消除臭味，而要通过打扫卫生整理家居打造无臭味的家居环境。无臭味的极简家居才是奢侈。

• 提高感受力、对美好事物的敏感也是赋予自己的奢侈。

• 认可、肯定现在的自己是真正的奢侈。只要不将别人和自己对比就能轻松做到。

• 不仅仅是自己，如果能夸奖、支持、感谢除自己之外的人，也是高级的奢侈。

“从今天开始”

① 为了节约时间而花钱，就会处于现代奢侈的对立面。

② 享用手工制作的高汤、清汤、色拉调料。

③ 自己动手擦拭家居用品。

④ 花时间打造能感受四季和自然的家居环境。

⑤ 夸奖自己、夸奖别人，并怀有感激之心。

Rule 31
享受清贫

享受清贫是只有了解真品和真正奢侈的人、具有美感和感性优良的人才能品味到的喜悦。

比如食物，只要了解了其真实的味道，即使用现成的材料也能制作出美味。

曾经僧侣的庵堂或者只有地板的道场被视为清贫家居的最高境界。当然，我们没必要做到这种程度。但是，面对每一件家居用品都要重新认真思考自己到底是否需要，只专注需要的东西，才能了解真正需要的是什么。

比如，为了充实内心生活，需要一个属于自己的空间。至于是一套桌椅还是一把私人座椅，因人而异。但是，由于不开空调而中暑，可不是清贫，牺牲家人的身体健康不是清贫而是贫穷。所以，我们要关心某件物品是否真正需要。

关键是要有能够令自己安心的依托。这个自己的空间必须是和整体相匹配的高品质物品。并不是所有物品都能令人心情愉悦、都是高品质的，要聚焦于某一类物品，并从中找到能让人接受的品质良好的物品才是清贫的表现。

另外，享受清贫的生活也可以说是享受四季自然的生活。建材和室内装修材料，要选择适合的天然颜色。如果年久变化，也可以再加上天然的无垢材质（正因为这点，也能称之为最高的奢侈）。

但是，现代的天然无垢材质在预算上并不能称为清贫。然而，能感受到猛然间从窗口进入的一瞬清风和阳光的生活并不会受金钱的影响。不要把身处大城市，当作不能接触大自然的借口，无论多么恶劣的居住环境，只要能接触到大自然，就能体会到大自然的魅力。即使居住条件不同，人对自然的感觉也是相同的。

无论多么简朴的生活，只要能感觉到怀念和放松，就说明其中已经巧妙地加入了大自然的角色。

检测要点

如果是对自己有价值的物品，比如，颜色美丽的玻璃空瓶、形状漂亮的小石头、贝壳、废旧门窗、手工制作的桌子等，都能成为营造有温度的、清贫家居的素材。

不要将其闲置，而要主动动手，在瓶中加入水使其反射光线，这样一来破烂儿也能变成有趣的游戏道具。在居住处，不要光顾着发呆，要和这里的物品和谐共处、享用这一活动空间。

关于食物，只要食物足够美味、营养均衡，而且食材好，就算每天的食物都一样也会觉得美味。

食材好并不是指使用鲍鱼、鱼子酱、白松露等高级食材，而是指肥沃土地上采摘的应季蔬菜和水里的新鲜海鲜以及从可信赖的途径购买的肉类等，再加上能激活这些食材本身味道的烹调手法。

选择比一般超市更高级的豆酱、酱油等调味品，可以使豆腐料理和煮食更加美味。而且和高级食材相比这些调味品并不算昂贵。

当然，这种情况下，豆腐、其他干物也不要选择大量生产的产品，而要追求手工制作的美味。如尝一尝豆浆，就能知道这家豆腐坊的质量如何。

手工制品有时价格会高于一般产品。但是和冲动购买的甜品以及快时尚商品相比，更有价值。

虽然极简，但也是奢侈的、美味无比的“清贫”食物。

“从今天开始”

① 了解真品和奢侈的基础上，特意享受清贫。

② 不必追求一切都要高级和令人心情愉悦，而要聚焦于某种物品并追求可接受的高品质。

③ 衣食住中，要想办法加入四季的自然元素。

④ 每天的食物中，不使用大量生产的产品，而要用手工制作并使用高质量的酱油、豆酱、豆腐等。

Rule 32
小时尚、小风雅、小清新

从汽车到餐具和地下食品城的家常菜，人们往往更喜欢小型物品。不仅是物品，任何加上“小”的词汇表达出来的内容都更符合时代氛围。

乍一看很漂亮的物品太过俗气。乍一看很普通又让人觉得美得与众不同的才是“小时尚”。

保守但风情不减，爽快而简洁，却不乏娇媚、具有强烈的存在感，这就是“小风雅”。这种人从外形来看又比较娇小。

“小清新”是指干净、简朴却散发出爽快的娇媚之美。

无须靠豪华竞争，无须靠技能获胜，无须漂亮得夸张，也无需过于时尚。不在此之上也不在此之下的平衡就是“小时尚、小风雅、小清新”的境界。

其中最重要的是自己内心的安定。内心得到了满足，才无需向外界要求太多。因为没有不满和不安，就不必用“物”来弥补得不到满足的内心。

任何物品，只要与身高、身份不符合，或者苛求过高的时候，基本上都是你没有自信的时候或者对现状感到不满和不安的时候。如果得到满足、内心也能安定下来，找到适合自己的高级物品，我们就能每天过得充裕而快乐。

“小”的物品，若不去掉多余的内容，就会变成单纯的小物品，去掉冗杂才会更有特色。越小越接近事物的本质，越纯粹。“小”的物品必然拥有超过非“小”物品的魅力。

简朴而高级的物品能表现出更佳效果。

检测要点

对服装来说，第一基础就是“清新”。

当然不能有污垢，但重要的是清新脱俗。荷叶边和丝带能够表现出女性的特征，但为了看上去“小清新”，就需要常常熨烫。觉得熨烫麻烦的人最好从开始就选择清爽的款式。在这一点上，款式简朴而正统的纯色连衣裙比较适合，且能表现出小清新的感觉；但这种情况下，能表现出小时尚却无法表现出小风雅，希望连衣裙能穿出惊喜感，既性感又不失安全。

比如，有些面料能做出柔软的下垂褶皱。这种款式穿着不方便，但如果能用心穿习惯，就会穿出小风雅。

有张力的面料能穿出质量感，但这种情况下，如果能发挥其张力穿出身型的苗条感，就能穿出小时尚、小清新的感觉。

夏天，穿麻料的衣服令人心情愉悦，出现小褶皱时能给人小小的风雅之感，但出现小褶皱会减弱小清新的感觉。上浆的面料不易起皱，通过自身良好的气质和优美的姿势也不会被小褶皱影响。想要小风雅还是小清新？两者可取其一。

对于穿搭，要掌握基本的平衡。上身有量感的情况下，下身就要纤细、短。下身肥大的情况下，上身就要纤细合身。特别是上下身颜色不同的时候，款式的平衡则格外重要，所以要站在镜子前慎重地搭配服饰。

“家居”的小清新是指整理到位、一尘不染。

对于家具占用面积，物品大小要与空间匹配；对于人的活动空间，不大不小、不会令人沉闷、容易找到置身空间，这样的空间才是小时尚、小风雅。

如果是独栋住宅，外观要简朴、室内要充实，才能创建小时尚、小风雅、小清新的家居。人也是一样。

有没有庭院都没关系，搭配适合的外观简朴的植物，在小清新的外观上加上小风雅。在庭院和中庭（建筑物之间的庭院）或者玄关中种植一棵“象征树”（常绿树和落叶树均可），就能营造出具有象征意义的小时尚氛围。

“食物”最重要的是小风雅。

虽是不夸张、猛然间制作的简单食物，却灵活而充分地发挥出了食材的美味。即使花费时间手工制作也不会让人感到制作这份食物多么辛劳，而是依然感到小风雅。

小风雅的食物也可以说是具有季节感的食物。因为自然界的变化会对身体产生影响，所以为了阻止这一影响，保持健康，使用应季食材非常重要。

• 春天可食用美味的豌豆饭。彩色、白色和嫩绿色给人以春天的感觉。还有竹笋饭和若竹煮[1]、清炸油菜花和楤芽天妇罗。

• 夏天，因为身体渴望酸味，所以适合食用用黄瓜做的醋腌鳗鱼烧（黄瓜和鳗鱼）、黄瓜三明治、土豆沙拉。

• 秋天食用菌类。即使不是松茸，烘烤的菌类也是不错的美味。菌类的肉汁焖饭特别美味、制作方法简单（将淘洗的米用清汤煮至适当的软度，再加入用橄榄油炒过的菌类，加入巴马干酪后焖熟即可）。

• 冬天食用萝卜饼（制作方法简单，将萝卜擦成丝，加入

1　若竹煮：日本春季必不可少的一道炖煮菜。——译者注

糯米粉，做成圆饼状后进行烤制，搭配辣椒、酱油食用）。

把苹果切薄片用橄榄油烘烤，简单操作就能获得美味的餐后甜点（而且，如果搭配奶酪，能借助苹果的力量促进钙质的吸收）。

“从今天开始”

① 漂亮的基础是小清新，衣物要经常清洗和熨烫。

② 在拥有的简朴、正统的纯色连衣裙中加入小风雅、小时尚的惊喜感，需要在镜子前多下工夫才行。

③ 家居的基础是整理到位、一尘不染。

④ 家居环境中，如果东西多到不利于活动，就要认真考虑一下怎么处理多余的东西。

⑤ 用专门技能快速、简单地制作出当季食物。

⑥ 花费时间亲手制作的食物，端上餐桌时其美味会让人忘记制作的辛苦。

Rule 33

认真对待细节

任何事物以美为目标进行选择，才是正确的、有价值的做法。

而且，美物也需要认真整理细节部分。

只有在生活环境简朴而轻松的环境下，通过注意空间的细小部位、认真对待食材，美和美味才能熠熠生辉。

我的本职工作是室内设计，所以曾有人问我："这个室内设计有什么不满意的地方吗？改哪个地方比较好呢？”

室内设计一般都是符合自己的兴趣爱好、费了不少时间才完成的，所以本应该感叹一声“好漂亮！”但总感觉门把手、开关面板和配置的日用器具等有些不搭配。

令空间魅力十足的自然是家具等配置散发出的美，但更重要的是窗户的边框、角落、边角的稳固等细节部分是否做了合适的维护。手每天接触的门把手和开关面板的设计等是容易让人忽视的细节，实际上却是左右空间美的重要部位。

而且，需要经常擦拭窗户的玻璃和餐具架子的玻璃、电视、椅子的钢铁腿等家居中的玻璃部分和金属部分。

明明是穿着自己喜欢的衣服、打扮得漂漂亮亮地出门，却没有获得夸奖，反而意想不到地给别人留下奇怪的印象。如果你遇到过这种情况，可能是因为搭配不够完美、不受人喜欢，令观察细节的人感到违和。自己虽不满意却做出了妥协的地方出乎意料地被别人看了出来。

实际上，爱打扮的人搭配服装时，在整体的平衡上会考虑外套的领型、上衣袖子的细节、衣服的微妙长度、皮鞋鞋跟的高度和粗细、耳环的设计、胸针的大小、位置等非常细小的地方。

希望大家能注意到细节是如何影响整体的。

饮食生活也要注意细节，家庭料理最重要的是营养美味，而摆盘和盘子的放置方式等往往被放在次要位置。但餐具要摆放在正确的位置、筷子和刀叉需直线并列，这些细节更能衬托出营养价值高的食物的美味。

检测要点

繁忙的生活中，即使希望任何事都能快速结束，也要试着关注细节。实际上，这一过程并不会花费太多时间。对人也好对事也好，只要抱着平静而温和的态度，就会自然而然地达成目的。

- 看到污垢要立刻清除，掉落小块垃圾要立刻捡起。
- 物品摆放不齐时要立刻整理整齐。
- 无论何时，抽屉中的物品都要保持可随时取出的完美状态。
- 衣橱要像时装店一样整齐，能随时取出想穿的衣服。

正是因为家居环境狭小，所有物品都在伸手可及的范围内，一眼能看到所有，才更有利于做到精致。迄今为止，你可能一直以东西太多为借口，但只要结合家居面积大小、认真挑选少量物品，就能注意到每一个细节。

服装的细节大部分是由体型和姿势决定的。非常遗憾，认为衣服可以掩饰体型的缺陷不过是幻想而已。穿衣服首先要着眼于腰身、修正身姿。

其次是小物件。就像指尖和脚对姿势起决定作用一样，小物件如手套、鞋、帽子、手包、项链、披肩、围巾、手绢、指甲刀、钱包和名片夹等在决定自我姿态中发挥着重要的作用。

特别是简朴的服装，除了自己的体型，其他细节也非常重要。服装的美离不开小物件的装饰，其取出和放入、穿脱的动作和时机能展现出整体的美。

家居也一样。越是简朴的材质越醒目，细节部位能起到决定作用。决定美的不是房间的面积，而是其中摆放的物品、居住者的行为、居住者内心的一致程度。物品的量和面积相符则美，所有物品都经过认真摆放时，就会拥有更加宽广的空间。

“从今天开始”

① 注意房间的细节。不可替代的地方要经常整理。

② 经常擦拭窗户玻璃。检测窗帘是否有污垢以及风格是否过时。

③ 做令腰部变细的体操。

④ 重新讨论胸针的佩戴位置、项链的选择方法。

⑤ 将器具放在容易取放的位置。放置方法要使其看上去美观。

Rule 34
掌握优雅的言行举止

优美的空间、服装、工具、餐桌和优雅的生活行为、言辞是一个整体。

优雅的生活行为来自优雅的行为举止和对人及物品的照顾和关怀。社交，餐桌、工作和家庭中的礼仪只不过是它的具体表现。

所以，国家不同礼仪也不同。但是推己及人，按对方希望的那样，以温文尔雅的行为举止（至少不做对方不希望做的事情）做当时需要做的事情，基本上不会出错。

着装上，在人前保持优雅，是对对方的尊重。

为什么着装是礼仪？例如，聚会等场合的奢华是被招待的人们创造出来的。这种场合需要身穿朴素而美丽的衣服的人。也就是说，聚会服装不仅是为了表达出自己的特色，还具有使聚会魅力十足的作用。

在人数众多的场合，比如展览会和演奏会也是如此。

为什么说时尚的街角咖啡馆时尚呢？这是因为那里的人穿着时尚的服装、举止优雅地喝着咖啡和红茶。巴黎的大街之所以时尚，是因为和建筑物搭配的漂亮人们以优雅的身姿行走在大街上。住宅区的街景也是由来往的人的美丽决定的。

不管是特意外出的时候，还是在家附近，任何场合的时尚和礼仪都不仅仅是为了自己，也具有美化空间的作用。

这样一想，就会明白注意背影也是一种礼仪了。不仅仅是背影的优雅，如果能感觉到身后人的动作（固有感觉），人群的移动也会更加流畅。

讨论时尚之前，为了对方、为了周围环境，也要做出优美动作，或让人感觉不到体型缺点的优美姿势和行为举止。

检测要点

很多人都会注意餐桌礼仪。这大概是为了在被招待时不感到尴尬吧，为了不给别人添麻烦，应该考虑一下必须掌握的餐桌礼仪具体是什么。

另一方面，对招待方来说，重要的是让习惯和不习惯餐桌礼仪的人都能相处愉快。

比如，食物呈现的美不是为了展示制作者的技能，即使装饰美观也不能随意装盘，而应该让食物容易取食、大小容易食用等，让不习惯餐桌礼仪的客人也能安心用餐。

虽然这些是客人看不到的细节，但做好这些会让不懂餐桌礼仪的人也能感觉到招待者的热情。

另外，作为招待方，为了做到行为举止优雅，我建议与其刚开始就挑战高级食品，倒不如用爱心，认真地制作基础食物。因为做不习惯的事情，很容易因一些小事慌乱致失败，或中途意识到不足的地方而恐慌，最终导致出现问题而无法保持优雅的行为举止。

在着装方面也应该注意。被招待者会非常小心谨慎，所以我想提醒招待方，不要因为忙着准备食物就忽视着装，约定时间已过却还带着围裙。而且，不要因为在自己家里就过于放松。

即使是能交心的朋友的聚会，朋友们也会穿着合适的外出服，彼此的服装如果相差太大，双方都不会安心。虽然看上去有自家风格，但合适的着装才会令客人安心。

如果在饭店等地方聚会，服装要符合店里的室内装修风格、氛围及格调的等级。如果穿出鹤立鸡群的感觉，会令别人感到尴尬。

另外，在高级饭店和入座聚会中，因为上半身是主角，所以和场合相符的礼服、项链会为聚会增加华美感。

如果是职场女性，带上一件职业礼服，无论何时何地都不会显得夸张，反而能应对高格调，可视为至宝。

像这样，在访问和招待中，往往会注重礼仪，但在自己家中，在家人之间也应注重礼仪，对物品、彼此之间的关照也很重要。

比如，孩子在沙发上“嘭嘭嘭”地跳跃，对孩子来说是件快乐的事情，但对沙发来说则是伤害。

认真对待物品，是对物品的礼仪。

在自己家里，人们往往认为这种关照太苛刻，但习惯之后在外面就会成为自然。如果能在日常生活中认真地对待人和物，在外面也会原原本本地发挥出礼仪的作用。

而且，保持家居美也是对物品的礼仪。

当家里其他人都认为现在不用在意服装和家居时，保持美就变得更重要了。房间美了，才能消除在外的疲惫。只有用心照顾家人，才能保持美。房间脏乱反应自己内心的不安定。整理房间会让自己内心平静。

而且，整理自己的房间是对自己的关照，保持家居美是对家人的关照。

保持家居美能够培养居住人的感性，也能培养人的良好礼仪。而礼仪会自然而然地流露出人的品格和性情。

所以，一个人的行为反映他的教养，会伴随人一生。不仅是孩子，只要你想，从多大年纪开始培养都不晚。

“从今天开始”

① 要意识到在人面前保持美是对对方和周围环境的礼仪，着装和行为举止要符合当时的情景。

② 作为对对方和环境的礼仪，要努力保持体型的优美，用让人感觉不到体型缺点的优美姿势和行为举止。

③ 注意不要让对方感到尴尬和紧张。

④ 认真地照顾物品。

⑤ 在自己的房间、自己家的时候，对人对物也要认真。

Rule 35
重新审视“基本款”

工作装只穿衬衫的人购买越来越多的衬衫，几年后不需要的衬衫很难处理。也有人为了避免这种情况，确定好工作装（即制服）后，用尽量少的衬衫进行多种搭配。

另外有些人，为了令工作占据了人生大半时光的“现在”更加充实，即便以后会浪费，他们依然会将衬衫的时尚效果发挥到极致。

但要考虑到将来的晚年生活会告别工作装，所以最好能想办法让其物尽其用。然而因为工作需要，有时候不得不通过服装来表现自我，这也是工作的乐趣之一。

有时候我们需要能表明身份的衣服。比如已婚女士想表达妻子的身份、母亲的身份，这些情况下就需要穿着能表明身份的服装。

无论是为未来做准备，还是享受当下，无论你的想法如何，刚开始就应该明白阶段改变需求也会改变，所以购买衣服的时候要做好能通过改变搭配、在不同阶段能发挥作用的思想准备，或者让其在阶段改变的时候不会变成负担、能回收利用。

关于日常服装，家人之间的衣服也可以互相搭配、交叉穿搭。不同的衣服，只要尺码合适，男女之间也可以互相搭配。

如果不需要的衣服还能穿，可以送给熟人、送去二手商店，从全球的整体资源来看，也能减少浪费。相反，随着阶段的变化可能有不需要的衣服以及只短期需要的衣服，这些可以去租赁或者从二手商店获得。

关于家居，我们可能需要花更多的心思准备和决断。单身的时候可能最在意的是离公司近，但结婚生子后会更在意孩子的教育环境。孩子独立后如果继续住在同样面积的房子中，就是对空间、保养费、光热能源等的浪费了。到了晚年生活，我们可以通过改变家居，或者把不需要的房间租出去、改为趣味房间等方式进行有效改变。

如果能有提高生活质量的意识，自然会处理掉现阶段不需要的物品。

检测要点

在本书的基础篇中，已经建议大家创造具有自我特色的衣食住的“基本款”，但这一“基本款”并非永远不变。自家的基础物品，即使生活阶段没什么大变化，三至五年也需要重新审视一遍。

服装的款式。虽说处于自我款式和流行无关的时代，但经过五年之后，不知不觉间体型会发生变化，职场上的地位也会发生变化。这就是再次整理衣橱、重新审视服装的时候了。

服装要能正确表明当下的自己是谁，所以不需要和这一身份不符的衣服。

很多情况下我们可以对不穿的衣服进行重新搭配，或通过改装令其重获新生，无须购买多余的衣服。

家居也是如此。虽然生活阶段发生了变化，却不想让家居慢慢发生变化。可能无法搬家或大型改建、改装，但可以轻松改变家具的布局。

改变了家具的布局，人的活动范围也会发生变化。例如改变沙发的位置，看到的东西也会发生变化。甚至会感到房间面积也发生了变化。

时间久了需要更换壁纸、窗户护具（窗帘、遮光帘和卷帘等）、椅子等。虽然居住的人可能不会注意到，但发黄的墙壁和陈旧的窗帘会给客人留下不好的印象。

家庭的基础食品，三到五年就要重新审视一遍，希望大家能挑战新的食材和味道并添加新的菜品。

随着家人年龄的变化，需要的营养素和咖喱量也会发生变化，喜好也会改变。另外，获得家人和招待的客人好评的新式食品一定要加入基础食品中。不加入菜单的话，美味只是昙花一现。

“从今天开始”

① 意识到生活会进入不同的阶段，要明确是为将来做准备还是享受当下，在有思想准备的前提下确定服装款式。

② 三到五年就要重新审视一遍家里的衣食住的“基本款”。

③ 只要改变了家具的布局，人的活动范围就会发生变化。

④ 要在家庭的菜单中添加新的基础食品。

Rule 36
探求美丽的极致

如果我们在衣食住等所有方面都享受日式、西式两种生活方式，得到的并不是真正的丰富，而是过着拥有大量物品的冗杂生活。最后，我们开始憧憬拥有适量物品，内心平静的富裕生活。

因此，我们必须总结一下围绕在我们周围的多重文化。

如果能分清楚应该选择什么，也就形成了自己的特色文化。

我建议用“美”来做选择标准。

放眼望去，在这个时代，我们在衣食住中可获得高品质的物品，我们才需要用“美”作为选择物品的标准。我们要在迄今为止掌握的感性和知识的基础上，通过自身努力来创造优美而精致的生活。这是一个通过自我审美创造出自我文化的时代。

其实令女性看上去最美的服装是18世纪欧洲的贵妇人们穿的服饰。当然，若18世纪的衣服不加改变根本无法适应现代社会。这不仅仅是因为生活方式不同，而是现代人与古人豪华和简朴的目标已完全相反。

但是，这种洋装和现代的普通服装有不可分割的联系，这是不争的事实，所以洋装美的地方是值得我们学习的。

首先，简朴的情况下，夏装和礼服等服饰，从脖子到肩膀，直至胸的裸露部分的展示往往是礼服美丽的一大要点。

其次是腰围。在18世纪，会用束腰极端地束出纤纤细腰，强调腰身和裙子之间的平衡。现在，这一做法被看作对女性的压抑，但即使时代变迁，强调腰围仍然是从着装的整体平衡出发，以美为标准的考量。如果能意识到腰围的重要，就要后背挺拔给人立体感。也可以用腰带等突出腰身的美。

最后，展示细长的前臂和纤细的手腕、脚腕。18世纪的衣服中，袖子从手肘的位置开始变宽，为了让从手肘到手指尖的前臂看上去更纤细。将这一点运用到现代服饰中，连肩袖或者五分袖看上去会更美。为了使手臂看上去更长，可采用瘦长袖；为了使腿看上去更长，可以穿细长的裤子。

像这样，现代的简单、方便活动的款式中也使用了18世纪服装中“强弱平衡”的手法。这使我们在此基础上开始踏上着装精练的第一步。

那么，难道日本的和服中就没有可学的东西吗？

和服设计基本固定，适合日本人的矮胖身材，和洋装完全相反，无法看出身材的凹凸感，这是因为和服的特点不是展现身型轮廓，而是享受颜色搭配。

于是产生了古时平安时代的十二单[1]、用颜色的重叠来表现美的一种技法。这种技法朴素、极简地表达季节感，展示穿衣人身份的同时也散发出优雅的魅力。

看到这里就会明白色彩不是一种颜色构成的，相邻的颜

1　十二单：又称女房装束或五衣唐衣裳，是日本公家女子传统服饰中最正式的一种。——译者注

色、相近的颜色互相影响，搭配融洽才能创造出美。

日本的“色调”中，大多数都是洋装中不会用到的颜色组合，但重新看一遍就会感觉颜色很清新。可以作为多层搭配和使用个性小物件的参考。

不仅仅是色彩，自古以来“重叠”这种技法就常常出现在日本美的表现中。现在，日常生活中也常常见到这种技法。

其中之一就是重叠光。

日本人喜爱的屏风通过纸控制进入房间的阳光的量。如果外面有树，其影子会映在室内的榻榻米上。屏风的重叠作用能减弱光线，令室内树影婆娑，金屏风还会反射微弱的光线。落日西斜，光线渐渐染成红色，很美。

无论哪种情况，我们都能看到阳光照耀下的榻榻米和屏风等的颜色与光线相重叠交织形成的美丽光影。

即使在现代西洋风的家居中，通过控制窗外阳光、遮挡光线以及装饰室内的窗帘来表现光线的美也非常重要。光线在不同季节随着一天中时间变化而变化的样子，是构成家居美的重要因素。

夜晚的灯光也是如此。说到照明工具，除了功能性照明外，与其说为了照亮房间，倒不如说通过光线重叠美化室内、达到烘托美的效果。

检测要点

美而精练的家居令人情绪稳定，关系到居住者的安心感。而且，对客人而言，表面看不到日常用品才会感到整洁、内心平静。清爽中进入眼帘的应该都是美的、令人心平气和的物品。

因此，擅于收纳物品的人更能创造优美的家居环境。

日常需要的物品、想享用的物品已经很丰富了，因为可以同时享用日式和西式两种类型的物品。如果单独考虑日式或者西式物品的话，物品数量便会成倍增加。

拿出、放入、陈设……要实现家居的精练好像困难重重。但是经过各种考量、下工夫，让居住者和客人都能心情愉快地常住，相比外出更愿意留在家里，这样的家居才是美到极致的。

现在的狭窄只是暂时的，不要放弃，我们需要在现有的条件下思考如何营造精美的家居并付出努力。能将现有空间打造到最好程度的人，下一个空间中也能做到最好。

家庭料理的美是指能用普通食材制作美味。

• 首先是颜色。颜色中有美味的颜色也有能激发食欲的颜色。比如黄色、橘色、红色、绿色以及米饭的白色、面包的茶色。

• 其次是香味。早晨的咖啡、烤面包的香味、酱汤和蒸好的米饭、炖好的西式焖汤、清汤的香味。调味品的香味也能勾起人的食欲。

• 第三是摆盘。一定要给精神好的孩子们的餐具中盛满食物。对大人，要考虑好颜色、食材和餐具之间的平衡，漂亮的摆盘也能勾起食欲。

• 漂亮的盘子中盛朴素的食材，朴素的盘子中盛充满活力色彩的食品。摆盘方式非常重要。

• 只有蔬菜的什锦拼盘如果能盛得立体而生气勃勃，不仅容易取食而且看上去也非常美。

• 鱼，如果不是切鱼片，鱼头的位置很重要。大鱼的头在左侧，几条小鱼一起装盘时鱼尾在上鱼头在下。

对料理的美来说，烧的火候、炸的火候也很重要。炸成褐色是最美味的颜色，也是最佳的油炸火候。

“从今天开始”

① 以“美”为标准整理衣食住。

② 了解优美，展示女性身体线条的洋装的黄金比例。

a. 露肩装

b. 腰围

c. 纤细手腕、脚腕

③ 从日本的和服中学习色彩重叠的技法。

④ 从光的烘托效果来重新考虑灯饰和窗帘。

⑤ 家居和面积无关，家居中要不断地收纳到没有多余物品映入眼帘的状态，常常整理已有物品。

⑥ 家庭料理要以“如何看上去更美味”为前提来考虑颜色和装盘。

后记

现在，我们要重新审视一切，我们决不能无视现实。作为生活在地球上的生物，我们没有铺张浪费的权利。“浪费有时候也会起到一定作用”，但这个“有时候”并不存在。

在有生之年，我们都想追求真正丰富的自我。无论何时都想保持美，这才是活着。优雅地活着，难道不是大多数人发自内心的愿望吗?

长时间拘泥于家居的空间设计和规则，但不能忽略的依然是日常生活。因而，如何亲手打磨、提高日常生活质量才是整个人生。日常生活就是让“衣食住”全部整合为“自我文化”，而且要治愈自己的内心、打磨感性。

一直有很多人觉得“家居设计只是和住相关的设计吧？食品、服装的设计难道不是另外一回事吗？”其实生活中有衣有食，都包括在家居之内。所以居住者享受生活的地方主要是住宅。

有人认为，想要拥有优美的家居，必须先挣出所需的钱后才能考虑。但我们鼓励让日常生活远离繁杂，一边打造生活一边挣钱。如果因为太忙而不重视日常生活，即便突然有钱后想开始美好生活也无法立即开始。

美好生活不是钱带来的，而是通过美的意识创造的。而且，美的意识需要在日常生活的每一天里不断打磨。如果没意识到这点，就不可能培养出美的意识。所以，不管效果如何，我仍旧想在本书中介绍一些技能、知识和心得。

幸福在哪里

如何能获得幸福？所有人都在摸索答案。

之前的很长时间里，我们都认为幸福是拥有丰厚的财产。因为曾经丰厚的财富都掌握在以君主为尊的特权阶级手里，并以此创造文化。因此，对大多数人来说，以财富为目标是非常正常的事情。

但今天，财富的积聚大多是为了创造更多财富，却很少投资到文化创造中。

如果财富的积累能带来为幸福而生的艺术和美好，我认为也不错，但如果连这点期待都达不到，就只能说财富与创造美无缘了。所以我们要提升感知美的心灵，依靠对美好事物的热情和直觉来追求幸福。因为只有美才能带来幸福。

在我们不同的生活方式中，需要对美好事物的向往。在生活中我们要认清当下，不抗拒潮流，不过于苛求，不忘初心，不失努力和纯真，擅于抓住微小的幸运，感恩平凡的日子。

美好的事物能提升美的意识，美味的食物令人味觉灵敏，这是我们不能丢失的财富。

美好事物无法从财富中获得，但从美好事物中能获得幸福。现在，越来越多的年轻人不再执着于金钱和物欲，并不是因为在贫富差距越来越大以及国力衰退的日本，年轻人处于对未来的担忧和灰心中，而是认识到了幸福并非来自金钱。

在努力实现令他人开心，生活更美好、正确等愿望的过程中，我们会发现幸福。幸福与金钱无关，而是有价值、可以朝之努力的目标。这是“清贫”的富裕之处。也就是说，我们要有感知幸福的能力。

在年轻人之间，越来越多的人以贡献社会的活动和社会性创业为目标，这可能是因为我们这一代从反面教材中学到幸福一定来自某处。

日常生活中需要能保障正常生活的、适当的财富，但财富和幸福毫无关系。我们终于迎来了财富和幸福分开的时代。

服装的美和金钱无关

高级品牌支配美的时代已经结束了。问别人品牌名字是不礼貌的行为。品牌和对方的美没有关系，问品牌就好像在问:“你是有钱人吗？”这是非常便利的时代，穿得是否得体和金钱上的预算无关。

服装的美关系到锻炼身体、磨炼感觉。锻炼身体，不需要夸张的工具，使用自己的手脚，不偷懒地坚持下去才是成功的秘诀。如果把拳击俱乐部、运动俱乐部等运动场所想象成娱乐、社交场所，会更快乐，也会更有动力吧。

为了打造时尚感，就要专注并保持对时尚的兴趣。最终达到不模仿他人的水平。即使对流行没有兴趣，也需要了解当下的时尚。现在是一个用较低预算就能充分展现自我的时代。工作装就像悬疑、格斗电影中出现的女主人公的服装，不是要模仿里面的女演员，而是可以参考电影中人物的着装。

在参加活动的时候也要注意保持美。即使在活动中脱下外衣、露出里面的衣服也依然要保持时尚，鞋、手套、上衣、帽子、包等小物件是决胜的法宝。穿着得体的感觉比财富更让人有成就感，带着艺术感向美前进吧。

美味无法预算

将食物做得美味需要的是技术和爱心。现在，我们可以轻松地从电视、网络上获得烹饪方法，但不能完全模仿，而要经过自己的思考重新调整烹饪顺序。看过并记住的技能要认真反复练习直到掌握。如果做出的料理带着制作者的热情和爱心，能与人产生心灵共鸣，那就被大多数人喜欢。失败也可以称为一种学习。陶艺家们不会只靠感性来创作作品，确认成型、上釉的配料、烧制温度的调节等，需要一边积累众多数据一边创作。效仿陶艺家们，烹饪方法中也应该考虑到天气和温度、食用者的状态等。

爱心并不是心情，只有符合食用者的口味和身体状况，才能表现出制作者的爱心。为了自己和家人，想象一下什么样的美味能提高家人的精气神儿。

气温、制作人的手艺、食用者的疲劳程度等差异都会造成同一烹饪方法却做不出同一种味道。只有靠技能和爱心才能对此做出调整。但两者都无法预知。

希望家居能高出预算

如果有唯一一个能被预算左右的事物，就是家居吧！像过去那样把拥有独栋住宅作为人生目标的工薪家庭已经成为历史，无论是租房，住在乡村，还是住在公寓里，布置家居的时候，都需要一定的预算。

对家居的要求，因人而异，但关键还会关系到预算。想要增加各种东西但预算不足，算来算去，反复掂量也是正常的。

为了将梦想变为现实，舍弃一味的执着才是捷径。例如为什么要换新房子，根据自己的初衷才能脚踏实地实现梦想。

家居的预算和面积无关。虽然可以不断增加预算，但即便如此也无从得知是否适合居住者，是否能满足居住者的舒适感。关注居住者的真实感受，在较低预算下，也能实现高品质。除了建筑物本身，家具的选择和窗帘等内部物品的品质也很重要。

其实家居是有生命的。因为它会随着时间发生变化，需要修理和维护，而且居住者要不断地培育家居，令其不断变好。即使极尽奢华、预算充足的家居，如果保持不变、不加维护，也会渐渐沦为废墟。家居越豪华，就越需要维护。

清贫而整洁的家居，花费了不少预算，自己要能随时间变化加以维护，让其越来越好。选择的物品数量虽少，但要品质好。

亲自养护的家居才是适合自己的。

现在，日本狭小的居住空间开始引起全世界的关注。但是，只是狭小并不具有引人关注的价值，当方便和美共存、拥有胜于大宅子或不输于大宅子的舒适，日本人感性的珍贵之处得到世人的理解时，日本狭小家居就变得意义非凡了。

即使预算不多，日常生活中有意识地一边策划如何为重视其意义而使用这些预算，一边思考如何能更好地布置家居，就会展现出大智慧。如果能通过积累并反复思考，认真地度过每一天，即使居住空间狭小也会很美。而且实现了“小而美”的理念。

希望这本书能帮到你，无论你曾经为不相应的奢华感到苦恼，或被过度的节俭剥夺生活及心灵的富裕、人生的美好，都能实现与能力相符、简朴而美好的生活，拥有优雅、从容、喜悦的生活。

如果本书能帮助大家认识到日常生活的艺术和文化，将重点放在内心生活丰富上并创造出自己的“规范”，真是荣幸之至。

本书的出版，得到了 Discover 21 出版社社长干场弓子女士的鼎力支持，在此表示衷心的感谢。

加藤惠美子

二〇一七年一边等待春天的到来，一边完成本书

图书在版编目（CIP）数据

精致 /（日）加藤惠美子著；代芳芳译 . -- 北京：北京联合出版公司，2017.10

ISBN 978-7-5596-0892-5

Ⅰ．①精… Ⅱ．①加… ②代… Ⅲ．①女性－人生哲学－通俗读物 Ⅳ．① B821-49

中国版本图书馆 CIP 数据核字 (2017) 第 206944 号

著作权合同登记 图字：01-2017-5827号

精致

项目策划 紫图图书 ZITO®
监　　制 黄 利 万 夏
作　　者 [日] 加藤惠美子
译　　者 代芳芳
责任编辑 宋延涛
特约编辑 申蕾蕾 李佳倩
版权支持 王秀荣
内文插画 viv1 姑娘
装帧设计 紫图图书 ZITO®

北京联合出版公司出版
（北京市西城区德外大街 83 号楼 9 层 100088）
北京瑞禾彩色印刷有限公司印刷 新华书店经销
85 千字 787 毫米 ×1092 毫米 1/32 8 印张
2017 年 10 月第 1 版 2017 年 10 月第 1 次印刷
ISBN 978-7-5596-0892-5
定价：49.90 元